U0265938

探秘神奇大自然

董仁威　主编

姜永育　编著

时代出版传媒股份有限公司
安徽教育出版社

图书在版编目（CIP）数据

探秘神奇大自然／姜永育编著. —合肥：安徽教育出版社，2013.12
（少年科学院书库／董仁威主编. 第2辑）
ISBN 978-7-5336-7749-7

Ⅰ.①探…　Ⅱ.①姜…　Ⅲ.①自然科学—少年读物
Ⅳ.①N49

中国版本图书馆 CIP 数据核字（2013）第 295980 号

探秘神奇大自然
TANMI SHENQI DAZIRAN

出 版 人：郑　可
质量总监：张丹飞
策划编辑：杨多文
统　　筹：周　佳
责任编辑：黄树荣
装帧设计：张鑫坤
封面绘图：王　雪
责任印制：王　琳

出版发行：时代出版传媒股份有限公司　　安徽教育出版社
地　　址：合肥市经开区繁华大道西路 398 号　邮编：230601
网　　址：http://www.ahep.com.cn
营销电话：(0551)63683012,63683013
排　　版：安徽创艺彩色制版有限责任公司
印　　刷：安徽天歌印刷厂

开　　本：650×960
印　　张：13
字　　数：170 千字
版　　次：2014 年 4 月第 1 版　2014 年 4 月第 1 次印刷
定　　价：26.00 元

（如发现印装质量问题，影响阅读，请与本社营销部联系调换）

博览群书与成才

安徽教育出版社邀我主编一套《少年科学院书库》,第一辑16部已于2012年9月出版,忙了将近一年,第二辑13部又要问世了。

《少年科学院书库》有什么特点?"杂",一言以蔽之。第一辑,数理化天地生,基础学科,应用学科,什么都有一点。第二辑,更"杂",增加了文理交融的两部书:《万物之灵》和《生命的奇迹》,还增加以普及科学方法为特色的两部书:《探秘神奇大自然》和《气象科考之旅》。再编《少年科学院书库》第三辑的时候,文史哲,社会科学也会编进去,社会科学与自然科学共存。

《少年科学院书库》为什么编得这么"杂"?因为现代社会需要科学家具备广博的知识,需要真正的"博士",需要文理兼容的交叉型人才。许多事实证明,只有在继承全人类全部文化成果的基础上,才能够在科学技术上进行创新,才能够为人类的进步作出新的贡献。

不久前,我同四川大学的几百名学子进行了一场博览群书与成才关系的互动式讨论。我用大半辈子的切身体会回答了学子们的问题。我说,我是学理科的,但在川大学习时却把很多时间放在读杂书上,读中外名著上。当然,课堂内的学习也很重要,是一生系统知识积累的基础,我在大学的课堂内成绩是很好的,科科全优,毕业时还成为全系唯一考上研究生的学生。

但是,不能只注意课堂内知识的学习,读死书,死读书,读书死。而要博览群书，汲取人类几千年创造的文化精粹。

不仅在上大学的时候我读了许多杂书，我从读小学时就开始爱读杂书。我在重庆市观音桥小学读书的时候，便狂热地喜欢上了书。学校的少先队总辅导员谢高顺老师，特别喜欢我这个爱读书的孩子。谢老师为我专门开办了一个"小小图书馆"，任命我为"小小图书馆"的馆长。我一面管理图书，一面把图书馆中的几百本书"啃"得精光。我喜欢看什么书？什么书我都喜欢看，从小说到知识读物，有什么看什么。课间时间看，回家看。我常常坐在尿罐（一种用陶瓷做的坐式便桶）上，借着从亮瓦中射进来的阳光看大部头书，母亲喊我吃饭了也赖在尿罐上不起来。看了许许多多的书，觉得书中的世界太精彩了。我暗暗发誓，长大了我要写上一架书，使五彩缤纷的书世界更精彩。这是我一生中立下的一个宏愿。

博览群书使我受益匪浅，走上社会后，我面对复杂的社会、曲折的人生遭遇，总能应用我厚积的知识，找出克服困难的办法，取得人生的成功。

现在，我已写作并出版了72部书，主编了24套丛书，包括《新世纪少年儿童百科全书》《新世纪青年百科全书》《新世纪老年百科全书》《青少年百科全书》《趣味科普丛书》《中外著名科学家的故事丛书》《花卉园艺小百科》《兰花鉴别手册》《小学生自我素质教育丛书》《四川依然美丽》等各种各样的"杂书"，被各地的图书馆及农家书屋采购，实现了我的一个人生大梦：为各地图书馆增加一排书。

开卷有益，这是亘古不变的真理。因此，我期望读者们耐下心来，看完这套丛书的每一部书。

董仁威

（中国科普作家协会荣誉理事、四川省科普作家协会名誉会长、时光幻象成都科普创作中心主任、教授级高级工程师）

2013 年 2 月 26 日

神秘莫测的大自然，充满了无穷奥秘和诡异。

黑暗幽深的溶洞、怪兽巨嘴般的天坑、大风起时鬼哭狼嚎的魔鬼城、千奇百怪的石头森林……自古以来，便有无数科学家和冒险者走进大自然去探索、去发现。与神秘大自然亲密接触，你能领略到大好河山的旖旎风光，能感受到探索和发现的愉悦，不过，你也要付出常人难以想象的艰辛和汗水，有时甚至还会面临生命死亡的威胁。300多年前的一天，中国伟大的地理学家徐霞客在考察广西融县一个叫"真仙岩"的溶洞时，就曾经遭遇了惊魂一刻：一进入洞内，他便感觉一股冷风迎面吹来，手中的火炬一下熄灭，就在徐霞客摸出火镰，准备重新点起火炬时，一个东西向他的脚下快速爬来。强忍心中巨大恐惧，他摸索着打燃了火镰，火光亮起的一瞬间，他看到了无比惊恐的一幕：一条硕大无比的巨蛇正向洞内的另一个通道快速爬去，巨蛇的身子有晒席筒那么粗，它的头和尾分别横跨两个洞口，不知道身子有多长。徐霞客赶紧退出了溶洞——如果不是他镇定地打燃火镰，并用火光驱走巨蛇，那么很可能就会葬身蛇腹了。

从上面这个故事咱们可以得出这样的结论：要探索神奇大自然，必须得有非凡的胆识和过人的勇气，必须得有丰富的野外生存和避险知识，必须得有良好的心理素质和应对突发灾难的能力。你准备好了吗？如果可以出发，那就赶紧背起行囊，跟随本书的作者一起走进神奇大自然去探索、去发现吧！

目录

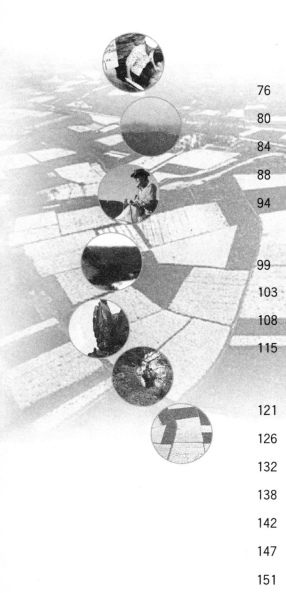

神秘溶洞

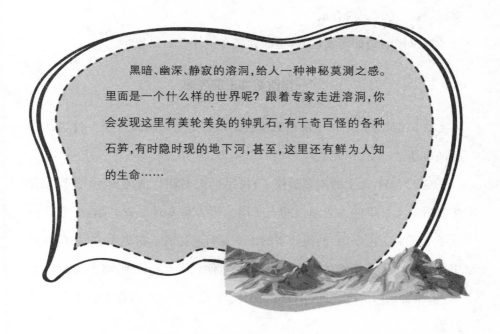

　　黑暗、幽深、静寂的溶洞,给人一种神秘莫测之感。里面是一个什么样的世界呢? 跟着专家走进溶洞,你会发现这里有美轮美奂的钟乳石,有千奇百怪的各种石笋,有时隐时现的地下河,甚至,这里还有鲜为人知的生命⋯⋯

探秘金银山怪洞

重庆市彭水县走马乡金银山村有一个怪洞,洞内黑乎乎的,不知道有多深,村民传言洞内有水蟒。

这个怪洞是如何发现的,里面到底有些什么东西呢?

一场暴雨冲出的怪洞

2010年7月9日,重庆市彭水县走马乡金银山村发生了一件轰动全村的事情。

这天上午,天上的雨渐渐停了,村民肖文书和肖洪周相约出门,准备去查看一下村里前不久刚修的石子路。因为从7月2日开始,彭水县一连下了7天7夜暴雨,汹涌而来的山洪泥石流冲毁了村里不少地方,肖文书他们担心那条新修的路也遭了殃。当他们走到一个叫滴水岩的地方时,果然看到山上垮塌的乱石将路面掩埋了一半。两人赶紧停下来清理路面。

"咦,这里怎么有一个洞呢?"肖文书把垮塌的乱石搬开时,只见山体的破壁上出现了一个不规则的洞口。两人凑过去一看,里面黑乎乎的,什么也看不清,只听见洞里传来"轰隆隆"的水声,仿佛打雷一般。"洞里的水怎么那么大呢?"两人感到奇怪,再加上平时胆子都很大,于是决定到洞里去看个究竟。

肖文书和肖洪周发现的"黑洞"

　　两人回到家中，开始做进洞前的各项准备工作。他们首先找来了雨衣，以防被洞里的水淋湿身体；为了照明，又各准备了一只大号的手电筒，肖文书还多拿了几节替换的电池。"洞里说不定会有其他凶猛动物，还是小心一点为好！"两人商议了一阵后，又各自带上了锄头，腰里别了一把砍刀。回到路边，他们用锄头把洞口的乱石拨开，洞的位置越发显著，里面漆黑一片，深不见底。洞口只能容一个人进出，肖文书首先爬了进去。肖洪周紧跟其后，也爬进了洞内。

　　在手电光的照射下，只见洞口一侧有一道白亮亮的水柱从洞顶倾泻而下，水花飞溅，掀起一道道水雾，一阵阵寒气扑面而来。他们裹紧雨衣，小心翼翼地绕过水柱，继续往洞里走去。越往里走，洞越宽敞，而且洞里出现了许多光滑而又形状独特的石头，有的像吊灯，有的像桌子，有的像板凳。"呀，这里的石头好乖、好安逸哟！"肖洪周情不自禁地叫出声来。肖文书用手摸了摸，那些石头凉津津的，感觉十分舒服。两人又往前走了大约 100 米左右，这时前面出现了一个巨大的水潭。在手电光的照射下，潭水黑黢黢的,不知道有多深。

"我试一下水有多深。"肖文书顺手捡起一块石头,想往潭里扔。"等等,小心里面有怪物!"肖洪周赶紧把他拉住了。"怪物?"肖文书猛然醒悟过来,脸色一下变得苍白。原来,村里过去经常丢失鸡鸭、羊等,大家一致认为山里肯定隐藏着怪物。"潭这么深,里面会不会藏有巨蟒之类的怪物呢?"肖洪周一手拿着手电,一手握着砍刀,远远向潭里照去。但除了潭水反射的手电光外,什么也看不到。"咱们还是赶紧出去吧。"肖文书有些害怕。这时洞里的温度似乎越来越低,不知不觉,两人心里都慢慢升腾起一种阴森森的感觉。"好,那赶紧出去。"两人回转身,沿着原路走出了洞。

怪洞引起专家关注

回到村里后,两人将发现"黑洞"的消息告诉了村干部。村支书和村长跟着他们,也进洞察看了一番,这次他们找了一根长竹竿,专门试了试水潭的深浅,并在里面搅动了几下,证实潭水里并没有巨蟒之类的怪物。"这是一个巨大的溶洞,应该请专家来鉴定一下。"村支书见多识广,和村长商量后,决定赶紧向乡政府报告。

因为发现溶洞的地方叫滴水岩,于是肖文书他们替溶洞取了一个好听的名字:"滴水岩溶洞"。

金银山村发现溶洞的消息传开后,越来越多的外地人跑来观看,有的村民甚至进洞将里面的石头背出来。为了保护溶洞,肖文书和肖洪周每天主动站在洞口守护,不让太多人进去观看。

2010年8月,金银山村的村民终于盼来了一支科学考察队。科考队的3名专家,在全国洞穴界都相当有名气,他们分别是全国高校地质学研究会理事朱顺知、重庆工商大学旅游与国土资源学院副院长王宁、中国洞穴研究会会员石成明。原来,"滴水岩溶洞"被暴雨冲出的消息在新闻媒体上报道出来后,迅速在全国洞穴界引起了高度关注。不久,以3名专家为首的科考队成立,并很快赶往走马乡进行科学考察。

朱顺知曾经勘探过700多个溶洞,有着丰富的溶洞科考经验。在临来之前,他查阅了大量资料,知晓金银山村一带属于典型的喀斯特地貌。喀斯特地貌十分独特,它是水长期溶蚀石灰岩而形成的。早在1975年,便有一支地质队在金银山一带探查,当时地质队员们打了很多钻孔,探查发现金银山的山体遍布洞穴;而在修建渝怀铁路的时候,施工队本想开凿隧道从金银山中穿过,后来探查发现山体全是空的,整条铁路不得不绕道修建。

8月19日,科考队携带大量考察设备来到了彭水县城。听说专家前来考察,当地干部群众接二连三赶来报告,说暴雨冲出的溶洞不止一个,很多地方都发现了:保兴村村民段光胜说,他家屋后也有一个洞口,他打着手电筒爬进去看了一下,发现那个洞比滴水岩溶洞更大更漂亮;村民肖文彬报告说,距滴水岩溶洞500米之外的山腰上有一个叫"乓乓洞"的溶洞,每当天下大雨的时候,洞内就会传出轰隆声,鲫鱼、岩蛙等不断被甩出洞口,村民在洞口弯下腰就可捡到,由于洞口狭窄,里面的水流很急,至今没有人敢进去探险;走马乡政府的干部也介绍,在"乓乓洞"和滴水岩溶洞之间,还发现一座当地人称"神仙洞"的溶洞,进去后发现里面有熬制硝盐的痕迹。

针对当地干部群众提供的情况,朱顺知和科考队进一步完善了考察计划,准备在接下来的两天时间里,对走马乡最新发现的滴水岩溶洞、神仙洞、水帘洞等洞穴进行全面科学考察。

全副武装进溶洞

2010年8月20日上午7点半,科考队从彭水县城赶往走马乡。1小时后,他们来到了走马乡保兴村二组的半山腰前,准备先考察这里的水帘洞。随同考察的,还有多家报社的记者和走马乡的干部及几个村民。

溶洞探险需准备什么

就在科考队未雨绸缪,积极做进洞考察准备的时候,人们都不禁有些担心,因为溶洞探险是一项比较危险的工作。

溶洞常常隐藏在人迹罕至的深山密林中,那里时常有野兽栖息,毒蛇居住,因此在没有任何经验和装备的情况下贸然进入,会遭到意外伤害,甚至危及生命安全。有些天然的溶洞可能是盲洞,通风不良,有二氧化碳及硫化氢等有害气体沉积于洞穴深处,使人因缺氧窒息而昏迷。有些溶洞通道曲折崎岖,岔洞很多,稍不小心便会迷失方向,或者从湿滑的岩壁跌落造成意外损伤。

300多年前,我国著名的地理学家徐霞客在考察溶洞过程中,就曾遭受过生命危险:有一天他在广西融县考察一个叫"真仙岩"的暗洞时,一进入洞内,便有一股冷风迎面吹来,他手中的火炬一下熄灭了。就在他拿出火镰,准备重新点起火炬时,一个东西向他的脚下快速爬来。徐霞客强忍心中的巨大恐惧,摸索着打燃了火镰,火光亮起的一瞬间,他看到一条硕大无比的巨蛇正向洞内的另一通道快速爬去,巨蛇的身子有晒席筒那么粗,它的头和尾分别横跨两个洞口,不知道它到底有多长。徐霞客赶紧退出了溶洞。这一次,如果不是他镇定地打燃火镰,用火光驱走巨蛇,那么他很可能就葬身蛇腹了。

因此,探险者在前往各类洞穴寻幽探秘之前,首先应做好各项准备工作,掌握一些野外生存基本技能,了解溶洞探险的基本知识。在出行前带齐各类应急装备,如安全帽、矿灯、静力绳等,并注意以下问题:在准备前往溶洞探险前,应对该溶洞的地理位置、地质构造、水文资料、周围环境及与最近村落的距离等相关资料进行收集、整理和分析,如条件许可,应在前期进行一些试探性考察。下一步,配备所需装备。如果洞穴构造较复杂、分布较广并与地下暗河、地下泉水相通,就需要有一位对溶洞科学考察具有丰富经验的向导带领,并配备一些专业器材如防水、潜水探测以及攀爬设备。

全副武装进溶洞

进入溶洞进行科学考察,没有一定的专业知识是不行的。你可能会觉得好奇:几百年前的徐霞客没有先进仪器,他是如何进行科考的呢?

"目测步量"是徐老先生的"独门"科考法。每次科考,他都要数自己的脚步,他每一步的步长十分均匀,大概在 20 厘米左右。一个溶洞有多宽,只要数出走了多少步,然后乘以 20 厘米就可以得出来了。此外,徐霞客的眼光还特别"独到",长期的野外科考,使他练就了一双"火眼金睛",哪个溶洞有多高,他只要看上几眼,就能估个八九不离十。徐霞客运用"目测步量"科考法最经典的一次,是 1637 年他对广西桂林的七星岩溶洞进行考察。七星岩溶洞被当地人称为"地下迷宫",一般人不敢轻易进入这个洞内。徐霞客曾先后两次深入这个巨大而复杂的溶洞,他在既没有助手,也没有任何仪器的情况下,凭着丰富的实践经验,目测步量,对这个地下"迷宫"中 15 个溶洞的分布、规模、结构和特征做了细致的叙述和分析。1953 年,中国科学院地理研究所利用精密仪器,对七星岩溶洞进行勘察和测量制图后,证实了徐霞客当时的观察和记述都十分正确。

借助先进的科学设备,现在的溶洞科考当然更准确、先进了。

科考队很快来到了水帘洞前。在山腰处,大家开始换探险装备。科考队的设备都十分专业,需要携带的东西很多,比如特制的衣服、手套、安全帽、鞋子、矿灯等。洞穴探险对装备质量要求极高,每一个队员身上的洞穴装备价值都不下 10 万元,比如一根进口静力绳,虽然直径只有 3 毫米,但却能承受 1 吨的重量。

全副武装之后,队员们一起向洞口进发。时值盛夏,烈日如火,山腰上一丛丛的荆棘和杂草,不时挡住大家前进的道路,再加上山岭陡峭,悬崖危石众多,大家穿着厚重的考察服爬山,汗水很快便流满了一头一身。攀爬了几十分钟后,他们终于来到了洞口。洞口十分狭窄,只能容许一个人弯腰爬进去。专家石成明第一个带头爬了进去,其他队员一个跟着一个,陆陆续续爬进了溶洞内。一进洞,大家顿感洞内洞外两重天:洞外烈日炎炎,酷热难当,洞内却寒意阵阵,凉爽宜人。石成明拿出温度表测量了一下,测得洞里的温度只有 17 ℃,而刚才在洞外测量的温度却达 30 多摄氏度。大家又在洞内其他地方测量了一下,发现洞内的温度始终保持在 17 ℃。有着丰富考察经验的朱顺知告诉大家:洞内的温度一般都是恒定的,到了冬天,洞里的温度与夏天也基本一致,所以一些野生动物,如蛇、蜥蜴等会选择冬天到溶洞里"安家",以躲避严寒的侵袭。

朱顺知在考察中

"咱们现在进去,会不会碰到蛇呢?"有村民担心地问。

"有这种可能,"朱顺知说,"关于蛇的问题,300多年前的著名地理学家徐霞客,考察溶洞时就曾经遭遇过巨蛇,所以咱们要做好一切防范准备,不能掉以轻心。"

待眼睛适应了洞内的黑暗世界后,一行人开始小心翼翼地向溶洞深处爬去。

跟着专家"逛"溶洞

对一个未知的溶洞进行科学考察，是一件艰辛而惊险的事情。咱们不妨跟着专家的脚步，一起到溶洞里去看看。

美妙的洞内世界

一进入水帘洞内，就仿佛进入了一个黑暗的世界。有的地方，人们只能蹲着前行或匍匐着往前爬；有的地方，需要侧着身体一步一步小心挪动；有的地方，整个人都要贴在潮湿的洞壁上，像蜘蛛侠一般缓缓攀越。

一路之上，大家不时看到垮塌坠落的钟乳石，朱顺知顺手捡起几小块，在矿灯下仔细察看形状，并用手中的小锤轻轻敲打一番，观察它的成分。队员们也开始采集一些小的钟乳石，以备带回去化验和分析。

狭窄的地方过去后，大家终于来到了溶洞宽敞的地方。溶洞最高的地方有30多米，洞顶上挂满了水晶般透明的钟乳石，一滴滴水珠悬在末端，欲滴未滴，在灯光的照射下五彩缤纷，煞是好看。越往里走，钟乳石和石笋越多，整个溶洞变得色彩缤纷、千姿百态。眼前的钟乳石白色的像宝玉，黄色的像玛瑙，橙色的像钻石；轻盈的像云彩，活泼的像鸟儿，矫健的像蛟龙……大家看得目瞪口呆。

"这些滴水从洞顶下滴生成的称'钟乳石'，由洞底向上生长的称'石笋'，两者相接的称'石柱'；由流水从洞顶下悬者称'石带'、'石旗'，从洞壁流下者称'石幔'、'石瀑'、'石盾',在洞底生成的称'边石坝'、'石梯田'。"朱顺知向随同考察的记者和村民介绍。

科考队员们不时停下来,用卷尺测量一下钟乳石的大小,或是用相机拍摄下它们的美丽身姿。因为有些钟乳石太大了,卷尺长度不够,大家还必须借助绳子:先用绳子比划出钟乳石的长或宽,然后再用卷尺分几次测量绳子,最后得出一个大概的数字。

一路走走停停,上午11点左右,科考队在洞中前行了不到200米的距离。"看,前面好像有水!"走在前面的石成明突然叫了起来。大家向前一看,果然见前边出现了一个湖泊,在灯光的照射下,湖面波光粼粼,闪烁着奇异的光亮。"测量一下这个湖泊的面积,看看有多大!"朱顺知吩咐。一个队员们立即拿出激光测距仪进行测量。测出湖泊的长度和宽度后,大家通过计算,大概得出了湖泊的面积大小。"这个湖泊的面积约有200多平方米。"测量的队员大声汇报。"好,把数字记下来!"记录完毕,科考队继续往前走。

考察洞内湖泊

可是走了没几步,前面又出现了一个湖泊,而更前面还有湖泊⋯⋯科考队发现原来这是一个洞中湖泊群,一共有大大小小5个湖泊,其中最大的一个湖泊面积约3000平方米,好家伙,足有半个足球场的大小。朱顺知估算了一下湖泊面积,向大家介绍说,从目前掌握的情况来看,水帘洞内地下湖泊在重庆市绝对可排进前两名，全国罕见。更为奇特的是，湖泊的中央还有一组直径约3米的巨型石柱，它就像撑天的柱子，把洞顶和湖底连接了起

来，在灯光照耀下五彩斑斓，气势恢宏。朱顺知对着石柱看了半天，赞叹地说："据我了解，这种长在地下湖泊中央，上触顶下达地的钟乳石柱，在全国也十分罕见。"

由于湖泊挡住了前进的道路，人们不得不停下来思考对策。"让我带几个人去看看吧。"随行的走马乡干部说。进洞前，他和几个村民早有准备，背了六个胀鼓鼓的轮胎进来。"小心一点，如果情况不对，就赶紧往回走。"朱顺知嘱咐他们。乡干部率领几个村民，把六个轮胎集结在一起，很快做成了一个小小的皮划艇。在矿灯的照射下，他们小心翼翼地向湖深处划去。

湖水散发着寒气，不知道有多深，也不知道水里面藏着什么怪物。划了30多米远后，眼看科考队员离得越来越远，一个村民不觉害怕起来，他身子一抖，整个皮划艇立刻摇晃起来。

"咋搞的？把皮划艇弄翻了，可不是好玩的！"乡干部大声说。

"这水黑漆漆的，也不晓得有多深，咱们还是回去算了。"有村民打起了退堂鼓。

"是啊，说不定里面有水怪呢。"其他村民纷纷附和。

乡干部心里也有些害怕，他大声向岸上的专家报告了情况。

"这水温度很低,而且没有丰富的食物供应,也就是说没有一个完整的食物链,湖里不可能有大型生物存在。"朱顺知分析道,"至于水怪,就更不可能存在了。"

不过,由于担心翻船,出于安全考虑,朱顺知他们最终还是同意放弃对水帘洞的考察。于是,村民们又划着皮划艇,顺着原路返回岸上。

随后两天,科考队又对走马乡的神仙洞、消洞、滴水岩等溶洞进行了考察。根据洞里采集的样本分析,朱顺知告诉大家,金银山村溶洞群的形成,是地下水长期溶蚀的结果,因为整个金银山都属于石灰岩地区,石灰岩里不溶性的碳酸钙受水和二氧化碳的作用,转化成了微溶性的碳酸氢钙;由于石灰岩层各部分含石灰质多少不同,被侵蚀的程度也有所不同,石灰质多的,被侵蚀也多,而石灰质少的,被侵蚀也少,天长日久,石灰岩层便被溶解分割成互不相依、千姿百态、陡峭秀丽的山峰和奇异景观的溶洞。

朱顺知等专家还根据洞内钟乳石平均每 10 年大约生长 1 毫米这一推理,得出了结论:金银山溶洞群存在年龄在数十万年至百万年之间,各溶洞内纯白色的鹅毛根状石管众多,滴水不断,表明溶洞正处于发育期,仍在不断生长。

专家们还建议组织进一步探查,对溶洞资源进行整体旅游规划,挖掘其整体旅游潜力。

地下河探秘步步惊心

地下河,是溶洞一道独特而美丽的风景,对地下河进行探秘,是溶洞科考的一项重要内容。

不过,地下河科考,处处充满了艰难和险阻,可以说是步步惊心。

老外探秘禹王洞

在湖南省攸县的一座山峰峡谷内,有一个名叫禹王洞的溶洞,这个溶洞十分神奇,洞内不但有形态各异,栩栩如生的各种钟乳石,而且里面有一条号称世界最长的地下河。

这个溶洞到底有多神奇? 它里面的地下河又有多长呢?

2003年8月,4名蓝眼睛高鼻梁的外国人来到了攸县。他们是英国专业溶洞探险队队员,领头的是一个名叫梅林达的金发女郎,其他3名男队员分别叫安德鲁、约翰、史蒂文斯。这4名老外与中国5名溶洞专家一起组成联合探险队,准备对禹王洞进行全方位的科学考察。

8月29日上午,队员们穿着特制的探险服,戴着头盔,带着测量仪器走进了禹王洞。梅林达虽然是一位女士,但她"巾帼不让须眉",不仅担任了探险队的队长,而且走在最前面给大家探路。

"瞧,好美的溶洞啊!"正当大家小心翼翼行走时,梅林达突然发出了一声惊叹。大家顺着她手指的方向看去,只见在探照灯的照射下,洞内出现了令人目不暇接的美丽景象：一个个镂空的岩溶，仿佛一座座空中楼阁；"楼阁"之间曲折迂回，相互贯通，宛若一个古色古香的千年古镇；"古镇"里各种石幔、石笋、石柱、石针、石塔、石林、石厅高低不一，形态各异，气象万千。"真是太过瘾了！"队员们纷纷赞叹。

考察地下河

可惜好景不长，穿过一段石板路后，软软的淤泥地便出现在脚下。"扑哧"一声，梅林达一脚踩下去，淤泥很快没到了她的膝盖。泥水拼命朝鞋子里钻，尽管大家穿的都是特制的鞋子，但不一会儿鞋子全都湿了。走了一段时间，前面传来了"哗哗"的流水声。地下河到了！

"小心，河水很急。"梅林达嘱咐大家。果然，因为河道狭窄，河水看上去非常湍急。

在洞内行走十分艰辛。一会儿要涉水而过，一会儿要穿越淤泥，一会儿要踩过砂石路。很多地方，地下河和洞顶的距离不过 1 米，4 名老外身材高大，不得不双手摸索着淤泥匍匐前进，双膝几乎跪在了淤泥里。尽管条件十分艰苦，大家仍没有忘记使命，他们拿出激光测距仪，一边走一边测量。

"这一段是 20 米！"

"这一段只有 15 米左右！"

……

狭小的洞穴里，不时传来队员们大声报数的声音。梅林达在考察本上认真地填写着数据。

因为行程十分艰难，这一天，队员们在洞内只走了大约 1.5 千米的路程。地下

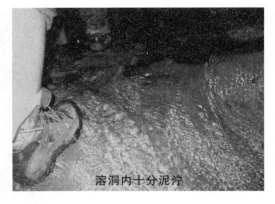

溶洞内十分泥泞

河始终没有尽头，而且洞内淤泥很深，看看时间已经不早了，梅林达和队员们商量后，不得不遗憾地退出了溶洞。

从洞里出来后，每个人都从鞋里倒出了半斤重的泥水。"瞧，我的脚都快泡成肉松了！"梅林达一边比划，一边笑着说。

遇险无底洞

8 月 31 日，经过分析，大家认为禹王洞的地下河是从一个叫"无底洞"的地方流过来的，于是决定去考察无底洞。

上午 11 时左右，一行人来到了无底洞前。无底洞的洞口只有 2 平方米左右，站在洞口往里看，里面黑咕隆咚，让人心惊肉跳，双腿打战。

"这个洞是竖着的，十多年前，我们这里有一个人不小心掉了进去，胆大的邻居进去搜寻，走了约 50 米后还是看不到洞底，大家再也不敢再往下走了，赶紧退了出来。"听说探险队要进无底洞考察，当地村民纷纷跑来观看，其中一个村民向探险队员介绍情况。

"那个掉进洞里的人，后来出来了吗？"梅林达好奇地问。

"一直没有出来，估计早成一堆白骨了。"村民说。

"噢，真可怜！"梅林达双手画了一个"十"字，她紧紧贴着岩壁，小心翼

翼地向洞里望去。洞果然是竖直向下的,里面黑漆漆的,不知道有多深。

"队长,让我先测试一下洞有多深。"队员史蒂文斯说着,从地上捡起一块拳头大的石块向洞里扔去,想用石块回声进行测量。可是扔了几次,史蒂文斯仍无法确定洞的深浅。

"NO,NO,NO,这样不行,因为里面的岩壁不是完全垂直的,有岩石阻挡了石块下落,所以不能估算洞的深度。"梅林达神情严肃地摇摇头。

"让我先下吧!"这时队员约翰已经从背包里拿出探险专用装备"武装"了起来,他穿上连体探险服,将静力绳牢牢固定在身上。"下面不知道有多深,你要小心啊!"史蒂文斯说。约翰皱了皱眉,似乎意识到即将到来的危险,他的神色一下黯然了。

"再最后检查一下装备,先不要着急。"梅林达对约翰笑了笑,"我知道你是最棒的。"

"没错,"约翰忽然幽默起来,"好热啊,我想游泳了,希望顺利地在下面找到河道,我好在里面畅游一番。"

11点20分,约翰在大家的祝福和注视下,慢慢向洞里钻去。他身上带着电钻,既可以防身,也可以用来采集洞内的岩石标本。

"现在该咱们进去了。"梅林达很快也把自己"武装"了起来,她和史蒂文斯一起,相继向洞里钻去,很快,他们的身影便消失在无边的黑暗中。

"约翰,能听到我声音吗?梅林达,你们的情况如何?"安德鲁守候在洞口等待消息,他不时向洞内的队员喊话,询问洞内情况,但大约半小时后,洞里便再也没有任何声音传出了。

一切联系全部中断!等待在洞口的人们,都把心提到了嗓子眼。

1个小时过去了,洞里没有任何声音;2个小时过去了,洞里没有任何消息;3个小时过去了,洞里还是没有任何消息。

人们全都睁大了眼睛，紧张地盯着黑漆漆的洞口。

"约翰，你出来了？梅林达，史蒂文斯，你们在哪里……"一向对队友充满信任的安德鲁也焦躁不安了，他大声叫喊着，像一只困兽在洞口走来走去。

"他们会不会在里面遇到了危险?"洞口的人们小声议论着，心里都有一种不安的感觉。

一次惊魂历险

4个小时过去了，就在人们几乎绝望的时候，突然从洞口传来了史蒂文斯的声音，不一会儿，他全身是泥地从洞里爬了出来。

"他们俩呢？你看到他们了吗?"安德鲁焦急地问。

"我走的距离不长，没看到他们，不过我想他们应该不会有事。"史蒂文斯平静地说。

大约半个小时后，约翰从洞中爬了出来，他脸色苍白，大口喘着粗气。

"约翰，下面的情况如何?"人们迫不及待地问。

"这个洞的岩壁不是完全垂直的，而是呈阶梯状，洞里面有很凉爽的风刮过，洞里阴暗、潮湿，"约翰迫不及待地向大家介绍他的探测结果，"从洞口下去约25米左右，就有一个宽约0.3米的平台，从平台边缘向下便是无底洞的第二层，一直向下探测，到行进的最底端，无底洞共有四层，由于我带的绳子长度不够，装备有限，没法再向下探测，所以我也没看到地下河道的踪影。"

可是梅林达呢？她怎么还不出来呢？人们焦急地望着洞口。

又过了半小时左右，一个金发女郎从洞里爬了上来，她怀里抱着拆除的装备，一脸的疲惫。

"啪啪啪啪",洞口立刻响起了热烈的掌声。

"抱歉,我下到了很深的地方,但还是没找到地下河,"梅林达摇摇头说,"这里的河道隐藏得太深了,我真是没办法。"

"你能平安回来,就是最大的成功了。"大家安慰她。

这次探险,科考队虽然没有找到禹王洞地下河的源头,但大家分析认为:禹王洞的地下河道是整个禹王洞洞穴系统地下河道的主流,并且禹王洞地下河道的源头很可能就是各个支流的汇聚口。

"地下暗河环境复杂,十分险恶,看来不可能直接进行徒步考察,必须借助先进的测量工具才能完成!"梅林达和队员们分析后,决定借助激光测距仪和 GPS 卫星定位仪进行测量。

此后的十多天,科考队又多次进入洞内进行考察,他们用激光测距仪对洞高、上下洞口的落差以及地下暗河的流量、长度等进行了测算,并通过 GPS 卫星定位仪对地下暗河进行了测量,最后得出了"暗河的直线距离为 7.5 千米"的结论。

不过,专家们估算,地下河实际长度很可能超过了 10 千米,它不愧为世界最长的地下河。

地下河血红之谜

溶洞内除了天然的红水河外，还有一些本身不是红水河，河水却神秘变"血红"的地下河流。

诡异的血红河水

在四川省渠县龙潭乡，有一个叫老龙洞的溶洞。这个溶洞是我国罕见的彩色溶洞，被专家称为"地下罗浮宫"、水上画廊。洞内最宽处有18米，最窄处仅有1米，洞顶最高的地方有25米左右。洞内悬石高吊，洞壁上的钟乳石色彩斑斓，有红、白、黑、紫、黄、灰、蓝等各种天然颜色。

除了彩色石头，这个溶洞最吸引人的奇特之处是，洞内有一个很像龙头的岩壁，这个岩壁长年喷吐出清澈透亮的泉水。水泻到洞底，再流过长长的溶洞，最后流入外面的小河里。

正在喷水的龙头

2011年3月11日下午14时左右，当地一名船工像往常一样，划着自家的小船，载着一些游客向老龙洞景区进发。当小船行进到洞内一个叫

"七彩湖"的景点时,这名船工突然觉得不对劲:"河水怎么变颜色了呢?"他清楚地记得,1小时前自己载客人来时,河水还是清澈见底的。就在他疑惑不解之时,水越来越浑浊,并慢慢变成了淡红色。"这条河怎么变成血河了?"游客们十分吃惊。"可能是洞里的老龙王又在哭泣了。"船工说着,抬眼向龙头方向看去,果然看到红色的"血水"正从龙头那里源源不断地涌流出来。

当天下午,就在船工和游客们惊奇不已时,很快传来了日本大地震的消息:当天下午13时45分,日本发生了9级大地震,并引发了可怕的海啸,造成重大人员伤亡。

"每次河水变红,都会发生大灾难!"当地村民说。他们清楚地记得,1976年唐山大地震、1999年台湾"9·21"大地震,以及2004年12月26日印尼大海啸发生时,老龙洞都出现过"流血"现象。最近的一次"流血",是2008年"5·12"汶川大地震,当时洞内水的颜色最红,触目惊心的"血水"一连流了好几天。

"溶洞流血,会不会是大地震发生的一种前兆呢?"有村民提出了这样的观点。

不过,马上就有人对此表示反对,因为日本、台湾、印尼等地都距渠县有万里之遥,一个小小的溶洞与这些地震有何联系,实在不敢妄言。而且,近年来的海地大地震、玉树大地震等也造成了重大人员伤亡,老龙洞为何没有反应呢?

"会不会是娃娃鱼在作怪哦?"又有些村民提出这样的疑问。因为每次发生河水血红的现象时,他们都能看到平时难得露面的娃娃鱼出现在现场。

娃娃鱼学名叫"大鲵",因为它叫唤的声音很像小孩哭泣,所以当地人都把它叫做"娃娃鱼"。娃娃鱼是世界级濒危两栖动物,它们平时"深居简出"，人们往往只闻其声，不见其影。不过，这些行动小心谨慎的家伙，却在河水变红时公然出现在人们面前。

"几乎每次河水变红，我们都能看到它们，因为是保护动物，所以大家从不为难它们。"村民们说。

老龙洞内的这些娃娃鱼体型十分巨大，2008年汶川大地震后，村民们曾发现一条体长110厘米，体重约13.5千克的巨型娃娃鱼。"有人说洞里的娃娃鱼都快成精了，估计这些红水就是它们作怪弄出来的。"

不过，当地一些专家到现场考察后，对这一说法进行了否定。他们认为，娃娃鱼其实也是受害者，它们之所以大胆"抛头露面"，是因为河水变红后，水质变差，影响到它们的生存状况，为了呼唤新鲜空气，它们才不顾危险爬上岸来的。

那么，河水血红的真正原因究竟是什么呢？

专家揭开河水血红之谜

这时，成都的专家已经赶到了渠县，当天，他们便乘坐小船，进入老龙洞中进行考察。

在小船上，专家们见到河中的水呈现橘红色，用小瓶舀了一些水起来，只见水质浑浊，瓶中的水就如橙汁饮料一般。

到达老龙头所在的地方，只见那个类似龙头的岩石，正往外喷吐"血水"，看上去有些触目惊心。

在这里，专家也用小瓶装了一些"血水"，准备带回去化验。

"这个溶洞是典型的石灰岩溶洞，这么宽大的洞，都是地下水一点一点侵蚀形成的。"专家们在洞内仔细考察，特别是详细调查了老龙洞形成的地质条件，但由于"血水"的成分尚未确定，所以专家们也不敢妄下断言。

　　回去之后，专家们立即对河水进行化验，结果发现：河水中含有大量的铁硫化合物，这种化合物与铁锈一样，呈现出暗红色，一旦融合在水中，便会使河水呈现血水的颜色。

　　真相似乎大白了，但这些硫化物是如何形成的呢？

　　为弄清这个问题，专家们又一次来到老龙洞考察。专家们分析，老龙洞的地底下一定有硫黄等酸性物质存在。为了证实这一推测，大家从附近一个勘探油气的地质队那里，借来了一台钻探机。

　　钻探机的发动机声音，很快打破了老龙洞的平静。10 米，20 米，30 米……随着钻头的深入，地底深处的岩石颗粒不断被带到地面上来。

　　"看，这就是被硫黄侵蚀过的岩石。"专家们从岩石颗粒中，拨拉出硫黄石来。

　　根据采集到的硫黄石标本，专家们分析：渠县龙潭乡一带是石灰岩地层，老龙洞的形成，是地下水长年累月侵蚀的结果。在深达数十米甚至上百米的老龙洞底部，地下水层常会与地底深处高温的硫黄作用而酸化，这些酸性水与岩层里面的铁质发生化学反应，就会形成锈红色或褐黄色的铁硫化合物。由于这些化合物比水重，所以它们通常会沉积在地底深处。

　　那么，"血水"又是如何从地底喷发出来的呢？

　　专家推测：每当大地震发生时，由于板块的运动和挤压，地下水动力发生了改变，从地底裂隙中涌出的水，由于压强增大，就会像水枪一样喷射而出，将沉积在地底的铁硫化合物冲刷起来，于是流出地面的水就因含有这种化合物而变成了"血水"。

　　不过，大地震与老龙洞这种奇特的自然现象之间是否有必然的联系，河水变红又能否预测大地震发生呢？这个谁也不敢断言，其中的神秘原因还有待人们进一步考证。

险奇天坑

　　一个个天坑,就如一只只张着大口的怪兽,往下看上一眼,无不令人头晕目眩。天坑里都有些什么? 能下到天坑里考察吗? 回答是肯定的,让我们跟着专家们,不畏艰险下到坑底去吧,在这里,你会看到最原始的地下森林,感受到最神秘的溶洞,接触到神秘的物种……

"大石围"的神秘来客

2001 年 4 月 5 日,偏僻闭塞的广西乐业县一下变得热闹起来,一群神秘来客携带各种仪器,来到了乐业的大山上。

这些神秘来客,是冲着乐业大山上的天坑而来的。乐业县的天坑很有名,它们隐藏在群山峻岭之中,就像一个个巨大的漏斗,又如一只只张着大口的怪兽,充满了神秘而诡异的色彩,当地人把它们叫做"大石围",意思是大石头围起来的地方。

农民考察大石围

天坑是一种特殊的岩溶地貌形态,在地质学上被称为"岩溶漏斗"(Collapse Doline)。天坑其实一开始并不是一个坑状形态,而是由天然溶洞在漫长的地质年代中逐渐演化而来的。溶洞在水流的长期冲击下慢慢被侵蚀和溶解,逐渐产生溶蚀现象。这种水与可溶性岩石之间的以溶蚀为主的地质作用和产生的地质现象被称为"岩溶"。岩溶形成分为两种形态:地面上形成与地面下形成。石林峰丛属于前者,天坑则是后者。目前只有中国、俄罗斯、斯洛文尼亚、法国等少数国家发现过大型天坑。中国长江流域的奉节县有 7 个天坑,武隆县有 15 个天坑,而在乐业大石围方圆 20 平方千米范围内已发现天坑 28 个,其天坑数量和天坑分布密度在世界上绝无仅有,是世界上最大的天坑家族,被专家们称为"天坑博物

通往天坑的道路

馆"和"世界岩溶圣地"。

最早对天坑进行考察的,是一位叫潘政昌的当地农民。1978年的一天,潘政昌到县里买东西,无意中听几位老人讲,说古书记载县域的山上隐藏有不少天龙口(天坑),谁要是从龙口进去,就能找到地下龙宫,没准还会发大财。潘政昌回家后,左思右想,决定去寻找这些天龙口,他虽然不相信地下龙宫发财的迷信说法,但头脑灵活的他意识到,天龙口是一种极具旅游开发价值的地质奇观。

1980年,潘政昌与好友刘国根、杨秀祝一起成立了一个民间旅游开发研究会,他们不顾家人的反对,把家里准备过年的猪卖了,筹集了一笔钱去自费考察天坑群。在8个月的时间里,这3位农民带着照相机、绳索等简易工具,风尘仆仆地走访了乐业县境内的98座大山、300余个洞穴,并到天坑群中最大的天坑——大石围和一些中小天坑里实地考察,拍摄了上千张图片,记录了近百万字的考察笔记。尽管付出了艰辛努力,但潘政昌他们的考察并没有得到重视,直到1997年,潘政昌将考察资料向国内外研究机构和投资商广为寄发，才引起世人的关注。1999 年 8 月，第一批由中外探险家、岩溶地质专家组成的科考队来到乐业进行考察，首次揭开了这座千百年来沉睡在大山里的天坑群的神奇面目。

不过，1999 年的那次考察并不彻底，于是时隔 2 年后的 2001 年 4 月，中外专家组成的科考探险队再一次来到了乐业县。

这次的科考队阵容十分庞大，不但有中国科学院地质、动物、植物等专家，还有来自美国的探险专家。科考探险队的核心一共有 11 位专家，此外还有多家新闻媒体的记者。

专家来到大石围

到达乐业县的第一天，队员们便抑制不住心中的好奇，大家不顾舟车劳顿，马不停蹄地驱车到达了乐业最大的天坑——大石围天坑口。

站在天坑口往下看，只见天坑就像一个仰天张开的大嘴，坑底黑乎乎的，一团团雾气从里面冒出来，不知道下面有多深，也不知道下面有些什么东西；四周的崖壁十分陡峭，一眼望不到底，崖壁上稀疏地长着一些小树。

天坑

"峰顶的海拔有 1400 多米,这个高度并不高。"科考队的专家宋林华教授拿出电子罗盘看了看说。这次科考,宋林华不但肩负着考察的重任,而且还要对大石围是否符合申报世界自然遗产的条件进行评估。

"宋教授,这个海拔高度意味着什么?"一位记者问。

"意味着天坑的垂直高度应该在几百米范围内。"宋林华解释,"下面的海拔至少也有七八百米,所以两者相减,这个高度大约在六百米左右。"

"可是要从这里下去,也够吓人的。"一位记者望了眼深不可测的坑底,双腿不禁有些打战,"下面不知道有没有生命?"

"其实喀斯特地貌形成的天坑地下世界,并不像人们想象的那样冷漠、阴暗,这个世界其实是一个动力澎湃、充满活力的地方,那里地下暗河四通八达,时而小溪潺潺,时而大河奔流,时而激流险滩,时而水平如镜,无数的天坑溶洞就是在这暗河的作用下形成的。"宋林华告诉大家。

科考队到达的第二天,便开始着手做考察的准备工作。按照计划,这次考察将以两种方式进行:一是用攀岩绳索沿悬崖峭壁下到坑底,二是尝试利用热气球进入天坑底部。

为了能让随行的记者们安全下到天坑底部,一位名叫刘宏的专家开始指导大家进行 SRT 训练。SRT 是当时最流行的一种单绳攀岩技术,即用一根只有拇指粗的绳子,把自己上百斤的身体从悬崖峭壁慢慢往下放。

掌握好 SRT 技术最少需要一个月时间,而记者们只有几天的训练时间。刘宏灵机一动,让大家在宿营地旁一棵十几米高的大树上训练。记者们也十分自觉,用绳索把自己挂到树上,一挂就是一两个小时,有的人几乎昏厥过去,不过为了完成探险任务,大家默默承受着,谁都没有退缩。

万事俱备,正当科考队准备下到天坑底进行考察的时候,天公却不作美,而一些当地的诡异传说也给这次科考蒙上了些许恐怖色彩。

坐着气球看天坑

正当科考队准备进行科考时,却天有不测风云,天气出现了变化。

先是头天晚上,大石围天坑一带突然刮起了猛烈的大风,科考队安在大石围顶部的大本营被吹得天翻地覆,帐篷里,一些原本已架好的器材被大风吹到了悬崖边上,营地看守人员奋不顾身,摸黑刚把器材找回来,可转身又被大风吹跑,导致部分通讯器材损坏。

紧接着,白天大石围地区又下起了淅淅沥沥的雨来,这使得大家不由联想起当地的一些传说。据当地村民讲,大石围是山神的家园,如果有人要下大石围,山神就会发怒。山神一发怒,这里的天气就会变化,浓雾突起,大雨滂沱。而另有一种传说更离奇,说是大石围的阴气重,男人单独下去会出事,必须有女人相伴才能平安。而一些自称曾下过谷中采药的山民也告诉科考队员:他们曾经在坑底见到了很多蛇,有些蛇有碗口那么粗,吐着长长的信子,十分吓人。

科考队的专家们当然不相信这些传说,不过,突然变化的天气还是让他们暂时取消了下到坑底科考的计划。大家准备先调试热气球,如果风力条件许可,先乘坐热气球考察后再说。

与崖壁擦身而过

当天下午,一只从南宁运来的热气球抵达了大石围天坑西面的谷地,驾驶员小李发动鼓风机,并对点火装置进行调试。记者们围住热气球,好奇地东看西看,并不时用手摸摸。

一个多小时后,热气球终于调试好了,可是大石围的风却越刮越大。

"现在的风力已经达到了每秒 6 米以上,不适合热气球飞行。"小李用手中一个小小的简易风速计测量了一下风速,有些遗憾地说,"热气球只能收起来喽。"

"适合热气球飞行的风速是多少?"有个记者问。

"按照规定,只要出现每秒 4 米以上的大风,热气球就被禁止飞行。"小李说。

一连几天,大石围的天气都是阴沉沉的,小雨飘个不停。"不能再等下去了,否则科考任务不能按时完成。"宋林华教授和其他专家商量之后,决定先对大石围周边的几个较小天坑进行调查,等天气转好后再实行下大石围的计划。

4 月 12 日,科考队终于盼来了热气球升空的机会。这一天,大石围天坑一带天气晴朗,而且更重要的条件是,当地风速在每秒 4 米以下,完全符合热气球升空的标准。

"准备升空!"上午 11 时许,科考队作出了决定。为防止出现意外,热气球由两条绳索拴在地面上,并由十几个壮汉拽着,以便控制热气球的飞行方向,这样热气球就像一个大风筝一样不会乱跑了。

"点火"随着一声令下,热火球喷射出长长的火焰,在大家的目光注视下,这个庞然大物载着科考队员慢慢升向天空。

气球越升越高,坐在吊筐里的人们不禁有些紧张。"不好,气流太强烈了!"气球刚飞了一会,小李便感觉有些不妙。在强烈气流的影响下,尽管地面上有两条绳索控制,但热气球还是渐渐失去了控制,它朝着与大石围天坑相反的方向飞去。

热气球距离崖壁越来越近，如果撞上去后果不堪设想。气氛骤然间变得十分紧张起来，所有人都屏住了呼吸，一眼不眨地盯着怪石嶙峋的崖壁，在心里暗暗祈祷。

"赶紧把绳子拉紧！"小李一边不断调整气球状态，一边大声向地面喊话。他虽然经验丰富，并曾驾驶这个气球从中国飞越日本海峡到达韩国和日本，但这是他第一次在山地驾驶热气球，遇到这种情况也很紧张。

在小李和地面工作人员的共同努力下，热气球一点一点地调整方向，最后，它与崖壁擦身而过，万幸地没有与其"亲密接触"。不过，看着刚才那惊险的一幕，第一次乘坐热气球的科考队员还是惊出了一身冷汗。

从气球上看天坑

20分钟后，热气球终于沿山势迂回进入大石围天坑上空，并开始慢慢下降。

10米、20米、30米……100米，热气球从坑口进入坑内，并逐渐深入了100多米，这时气球的最低飞行高度降到了1100米左右。

热气球向坑底飞去

从气球上往下看,只见大石围天坑终于露出了庐山真面目,它的底部呈螺旋状下旋,一层一层十分分明。天坑最高的地方是光秃秃的绝壁,再往下,树木开始越来越多,底部长满了密密麻麻的植物,它们的颜色也由高处的浅绿色逐渐变成了墨绿色。气球深入坑内100多米,天坑的底部仿佛是迎面扑上来,枝枝丫丫的树杈像无数朝天的枪尖伸向天空。热气球根本无处降落。

"快拍照片吧!"宋林华教授取出相机,对着下面的天坑拍起照来。随行的专家和记者也一下"醒悟"过来,大家拿起各自的"长枪短炮",对着天坑一阵猛拍。

热气球继续下降,正当它准备更贴近天坑底部时,突然不能动弹了。

气球筐开始倾斜,险情再次发生!

"怎么回事?"兴致勃勃的队员们仿佛被浇了一瓢冷水。

"控制绳索被坑边的树枝缠住,气球现在动不了了。"小李说。

此时,气球筐已经倾斜得使人无法站立。绳索如果解不开,就只有割断它了。而割断绳索的气球将失去控制,并被风吹到未知的地方。

气球还在倾斜,小李掏出匕首,就在他准备割断绳索的那一刻,缠在树上的绳索突然松开了,气球开始有控制地往上升。

大石围上空一片欢呼!

这次热气球空中探索,虽然没有把队员们如愿送到坑底,但也为科考队近距离拍摄大石围天坑提供了条件,更重要的是,通过空中探察,为科考队最终确定大石围天坑的下岩路线提供了准确依据。

"看来利用热气球下到坑底的计划只能到此为止了。"宋林华和科考队经过商量后,决定停用热气球,而直接采用SRT技术下到坑底考察。

几天后,科考队再次行动,这次他们能抵达天坑底部吗?

命悬一线下坑底

2001年4月15日下午,科考队决定兵分两路,下到大石围天坑底部考察。

兵分两路下天坑

在决定下到天坑底部考察之前,专家们聚在一起,对大石围天坑的形成原因进行了分析。

据分析,天坑形成至少要同时具备六个条件:一是石灰岩层要厚,只有足够厚的岩层才能给天坑的形成提供足够的空间;二是地下河的水位要很深;三是包气带(含气体的岩层)的厚度要大;四是降雨量要大,这样地下河的流量和动力才足够大,足以将塌落下来的石头冲走;五是岩层要平,从天坑四周的绝壁看就会发现,岩层与地面是平行的,就像一层层的石板堆在四周一样,只有这样的岩层才能垮塌;六是地壳要抬升,地壳的运动就会给岩层的垮塌提供动力。

专家们进一步指出,我国天坑多出现在南方的原因,是因为南方多雨的气候有利于天坑的形成,比如年平均降水量近1400毫米的乐业地区,雨水降落在石灰岩地面上,沿着岩石的裂隙渗入地下,一路溶蚀四壁,逐渐扩大,在地下形成大型的溶洞。溶洞的洞顶在重力的作用下,不断往下崩塌,直到最后洞顶完全塌陷,才能形成我们今天看到的天坑。而北方地区降雨量较小,所以不太容易形成天坑。

弄清了大石围形成的原因后,专家们经过初步观察,决定从东面和南面两个方向进行突破。东路人马基本由专业探险人员组成,这一组主要采用 SRT 技术,直接从 613 米高的悬崖下降到天坑底部。南路的考察队则主要由记者组成,他们将利用绳梯和综合 SRT 技术,缓慢向坑底攀缘而下,考虑到这些记者都不是专业探险人员,因此经验丰富的攀岩高手刘宏担任了队长,负责全体队员们下天坑的安全保障工作。

临出发时,东路的队员们考虑到宋林华教授年纪大了,而且体型比较胖大,建议他呆在大本营不要去。

"怕什么,你们能下去的,我就能下去。"宋教授当仁不让,并带头走在了最前面。

下午 3 点 30 分,两路人马按照预定路线,开始向大石围天坑底部进发。两路科考队的开路先锋,都由当地的"飞猫探险队"承担。"飞猫探险队"的成员全部是当地的山民,他们从小就在山岩上爬来爬去,攀岩的本事十分了得,早在两年前,就有"飞猫"队员下到了大石围天坑的底部。

命悬一线下天坑

4 点钟左右,大石围一带的天气突然发生了变化,原本轻薄的雾气开始变浓,很快,漫山遍野都被雾气笼罩了,紧接着凛冽的山风也刮了起来,更糟糕的是,小雨也赶来凑热闹了。

4 点 30 分,东路探险队来到了天坑边上,这里的风很大,狂风"呜呜"尖叫着,刮得人几乎站立不住,而且因为下雨,本来就陡峭险峻的崖壁变得又湿又滑。

"哎哟!"一个队员稍不小心,脚下一滑,差点掉进了万丈深渊。

"这样下到坑底太危险!"探险队员们望着雾蒙蒙的坑底,都感觉难度太大了。

"天气不好，而且崖壁特别湿滑，建议取消行动。"宋林华和其他专家商量后，向大本营作了情况汇报。

"停止行动，全体撤回！"大本营很快作出了回应。

大家默默地看了一眼雾气笼罩的天坑，正要往回走时，这时南路的科考队却传来了好消息，一名叫徐进的记者通过步话机向大本营报告："我们已下了南部绝壁的三分之一了。"

"没想到这些小伙子真厉害，"宋林华教授说，"祝愿他们能够成功！"

再说南路的科考队来到天坑边上后，队员们稍作准备，便在飞猫探险队员的帮助下开始行动起来了。因为天坑南部的绝壁上长有许多树木，这里看上去没那么危险，而且相对其他地方来说，南部是最佳下坑的路线。

在刘宏的指导下，队员们顺着绳梯和登山专用绳索慢慢向坑底滑去。身体由一根小拇指粗的绳索高高悬挂在岩壁上，脚下是无底深渊，一种命悬一线的不安全感迅速弥漫了每个人的身心。队员们时而四肢悬空，时而一足蹬壁，眼睛既要看着下面的深渊，又要不时抬头看有没有碎石滚下。

"你们现在的高度是多少？离坑底还有多远？能见度是多少？"队员们怀中的对讲机里，不时传来崖上大本营的问话。

"我们已经下降了200多米！"

"坑里的能见度很差，看不清楚底部……"

刚开始，还有队员向大本营报告情况。不过，下降到中途后，谁

天坑底部

也顾不上回答了。这时队员们的体力都透支得十分厉害,而崖壁上的植物也越来越多,不时有人被藤蔓缠住,为了摆脱纠缠,大家只得用脚使劲蹬岩壁,在空中转动身体甩开藤蔓。

"这些小伙子怎么样了?"由于长时间接收不到队员们的报告,守候在大本营的专家们越来越着急,每个人心头都升起一种不祥的预感。

时间一分一秒地过去了,6点钟的时候,对讲机里突然传来徐进兴奋的声音:"我已经到达坑底了!"

"祝贺祝贺,小心保重!"大本营里的专家们长长地松了一口气,大家热烈鼓起掌来。

听说有人到底了,还在悬崖上的队员一下来了劲,大家振作精神向下降落。很快,又有人陆续到达了坑底。一名叫俞玮的队员兴奋地向大本营报告,说看见一只山鹰在低空盘旋,那只鹰还紧紧盯着他哩。

"小心一点,注意安全!"大本营里的专家们大声说。这时天坑顶部浓雾弥漫,宋林华他们只看到天坑里白雾升腾,坑里的情况根本无法看清。

不过,在天坑底部却又是另一番景象:这里没有一片雾,也没有一丝风,能见度出奇地好,有些地方,队员们甚至能看到天坑外面的天空。

一个,两个,三个……7点30分左右,南路的科考队员们全部安全到达了坑底,一共8人,一个不少,一个也没有受伤。

"大家先休息一下,等飞猫队把装备送下来后,咱们再向前出发。"队长刘宏告诉大家。

天坑里究竟有些什么呢?队员们感到既紧张,又兴奋。

探秘天坑底部

刘宏带领的科考队顺利到达了天坑底部,接下来,他们就要去探索坑底的秘密了。

天坑底部的生活

半小时后,飞猫队员把科考队的装备运了下来。这些装备,不光有摄影摄像器材,还有采集标本用的卷尺、锤子、夹子,以及温度表、湿度计等等。刘宏拿到装备后,首先测量了一下坑底的温度和湿度,他发现这里的气温只有 15 ℃左右,湿度 90%以上,真可谓十分潮湿。

这时天完全黑了下来,夜幕像墨汁一般,把整个坑底染成一团漆黑。天气也开始变坏了,细雨滴滴答答地下了起来,坑底的温度也跟着下降,寒气很快笼罩着这些贸然闯入的人们。

"走吧!"在飞猫队员的带领下,队伍再次出发了。眼前伸手不见五指,人们打开头顶上的矿灯,踩着脚

天坑里云雾缭绕

下利刃一般的山石,小心翼翼地沿着几乎成45度的陡坡向前走去。

面前是一片黑乎乎的原始树林,在灯光照射下,树林里黑影迷离,充满了神秘和诡异的气息。

走在前面的队员稍微迟疑了一下,立刻义无反顾地钻进了树林——没有退路,他们只能选择前进,即使前面有不可预知的危险,也要冒险穿越过去。

行走在密林中,队员们的衣服很快被汗水和雨水湿透了。但谁也顾不了许多,大家默默地前行着。

"咚咚咚",坑底突然传来一阵响声,把大家吓了一跳。原来是坑里起风了,许多碎石被风吹打着,不断从上面滚落下来,在坑底激起一串串可怕的回声。

"小心一点,注意滚石!"刘宏不时提醒大家。

原始树林的尽头,是一个溶洞。到达溶洞口后,每个人都疲惫不堪。大家小心绕过洞口的一堆堆石头,慢慢钻进溶洞之中。在矿灯的照射下,眼前赫然出现了一个高达几十米的地下溶洞大厅,在厅的右边,有一条宽度超过10米的地下暗河,河水湍急,水质清澈见底,一直通向溶洞深处。

"今晚就在溶洞里安营扎寨了。"刘宏话音刚落,疲惫不堪的队员们便放下背包,一屁股坐在了地上。

在大厅里扎下营寨,吃过方便面、八宝粥、压缩饼干等组成的晚餐后,队员们的精力得到了一些恢复,大家开始进行拍摄和考察活动。队长刘宏更是在暗河边支起鱼竿,在昏暗的灯光照射下钓起鱼来。

"队长,这河里有鱼吗?"有队员问道。

"一般河里都会有鱼,只是暗河中的鱼都没有眼睛,它们被称为盲鱼。"正说着,只见钓竿微微抖动起来,刘宏轻轻一拉,一条没有眼睛的红鱼被拉上岸来。

"这种鱼生活在天坑底部的溶洞中,眼睛对它们来说没有任何用处,所以随着时间推移,它们的眼睛就完全退化了。"刘宏一边讲解,一边兴致勃勃地甩

天坑盲鱼

着钓竿。不一会儿,又有一条小鱼被钓了起来。

"一只小蟹,快抓住它!"灯光照射下,一只在河边爬行的白色小蟹也被刘宏抓住了。

"这种小蟹在天坑里并不多,算得上是稀罕客人。"刘宏得意地把小蟹放进了一只小瓶中。

看着刘宏收获不小,队员们也兴奋起来了,他们开始沿着暗河两岸慢慢搜索。

手电光照射下,一只拇指大的蜘蛛伏在地上一动不动,一个队员眼疾手快,伸手就要上去抓它。

"别用手碰!"刘宏大喝一声,赶紧制止。

"为啥不能捉呢?"这个队员疑惑不解。

"洞穴中的昆虫,很多都有毒,要用网去捉!"刘宏解释。

这名队员吐了吐舌头,他接过刘宏手中的网,轻轻一捞,蜘蛛便被当场活捉了。

在溶洞里,队员们还发现了通体透明的小虾等小动物,大家把它们捉起来,准备拿回去仔细研究。

考察地下森林

当晚的考察工作结束后，队员们在洞里宿营住了一晚。第二天天刚蒙蒙亮，大家便早早起来工作了。这天的考察分成两路，一路继续考察溶洞，一路考察坑底的原始森林。

考察森林的队员们走出溶洞，走进林中，他们先是用卷尺给身旁的树们量了一下"腰围"，发现每棵树的直径都不太粗，但枝叶蓬勃，绿得发亮。几乎每棵树上都缠绕着藤蔓，而地面上则长着茂盛的蕨类和一些不知道种类的植物。

"看，桫椤！"走进森林深处，队员们首次看到了国家一级保护植物———桫椤。桫椤树张着巨大的枝叶，仿佛在欢迎这些远道而来的客人们。

"桫椤据说曾是恐龙的食物，它与蕨类都是年代久远的植物，十分珍贵。"刘宏向队员们介绍，"能在坑底发现桫椤，表明这里的生态环境与天坑顶部有一定差异，也说明天坑形成的年代比较久远。"

地下森林

在坑底的森林里,大家并没有发现村民们传说的巨蛇之类的动物,甚至连蚊子、苍蝇、马蜂之类常见的小型昆虫也没有发现。队员们只是在一些茂盛的枝叶上,看到了几只缓缓蠕动的小青虫。

"这些小青虫算得上是天坑的主人了。"一个队员小心地捉了一只青虫,放进随身携带的小瓶中,准备带回去研究。

溶洞内的发现

在刘宏他们考察森林的同时,考察溶洞的队员们在专家张春光的带领下,沿着河流的方向向溶洞深处走去。

溶洞实在太深了,看不到尽头,也走不到尽头。极度的黑暗和极度的寂静,让人感觉有些毛骨悚然。

"嚯嚯嚯嚯……"忽然,黑暗中响起了一阵蟋蟀的鸣叫。

"快,把灯向前面照去!"张春光一下兴奋起来。

在一块钟乳石的顶部,大家看到了一个白色、透明的小生命,它的触须非常长,几乎是身体的五倍。蟋蟀正想逃跑,张春光眼疾手快,用一个塑料袋利落地将它扣在袋中,然后将其放进一个瓶子里。接下来,张春光又利用灯光连续发现了 3 种无脊椎动物,并将它们一一装进瓶子中——这 3 种动物后来经中科院动物研究所研究,证实是 3 个新的物种。

大家继续向溶洞深处前进。

"这是什么印迹?"在深入溶洞 1000 米的地方,队员们发现了一种奇特的脚印,它一直向溶洞的黑暗处伸去。这种脚印,很像大型动物留下的足迹。

溶洞里怎么会有大型动物出没呢? 这是一种什么动物,它为什么到这里来,又去了哪里? 张春光等专家研究了半天,也无法解释这一切。

看看时间不早了，队员们结束了对溶洞的考察，准备回到坑底去。

中午 12 点左右，两路科考队员集中在一起，开始沿着来时的线路向地面返回。又经历了几个小时的艰难努力，他们于 5 点左右到达了坑上，受到了大本营专家们的热烈欢迎。

大石围的考察结束后，科考队又先后考察了乐业的其他天坑。经过对现场勘测数据和动物、植物标本进行研究鉴定，中国科学院地质、动物研究所等专家在北京正式向外界公布了最新研究成果。

专家们确定：我国广西乐业天坑群是世界上规模最大的天坑群，其中大石围天坑底部分布的原始森林面积为世界第一、垂直高度为世界第二；大石围天坑底部发现的神秘洞穴动物中，有两类动物被中科院专家认定为新的物种，还有在天坑底部发现的珍稀植物三叶梭、蕨类桫椤林等，不仅保存了一个古生物的基因库，还是研究古环境、古气候的难得材料。

突然出现的可怕天坑

近年来,我国各地频频出现"天坑"骤然"现身"的现象,引起当地人们的疑惑和恐慌。下面,咱们就随专家一起,去了解一下这种"天坑"形成的原因吧。

骤然现身的天坑

2010年4月27日傍晚,四川省宜宾市长宁县硐底镇石垭村的一个村民正在家中做晚饭,突然,她听到屋后传来"轰隆"一声巨响,跑出门来一看,只见距她家房屋不到30米的地方,出现了一个黑漆漆的大洞。这个大洞深不可测,周围的泥土还在不断下落,洞口不断扩大,看上去令人毛骨悚然。这个村民吓慌了,赶紧跑回家中,把身份证和钱揣在身上,整个晚上都坐在院子里,随时准备逃命。

与此同时,在硐底镇的其他地方,一个个可怕的"天坑"接二连三出现。有的出现在村子边上,有的出现在田野里,有的干脆出现在村民家的院子里……短短几天之内,该镇的红旗村和石垭村先后出

现了 26 个"天坑",而且更可怕的是,这些"天坑"的面积仍在继续扩大,最大的"天坑"洞口直径,从最初的 40 米扩大到了 60 米;最深的"天坑"深度超过了 30 米,站在洞口往下一望,无不令人心惊胆战。

"天坑"给村民的生命安全造成了巨大威胁。为了躲避"天坑",当地的 100 多户近 300 村民不得不转移到其他地方居住。同时,关于"天坑"的种种说法,也在当地疯传开来。这其中,有两种说法最有代表性。

第一种说法,是鬼神说。村里一些上了年纪的老人,把"天坑"的出现,归结成土地神生气的结果。"肯定是咱们村有人把土地神得罪了,土地神一发怒,村里才会出现这么多'天坑'。"据他们讲,近年来,村里出外打工的人越来越多,好多人把土地抛荒了。"土地神心疼土地啊,看着那么多的荒地没人种,他能不生气吗?"也有些老人,认为是冤鬼在作祟。

第二说法,是地下巨蟒说。村里有些人认为"天坑"的出现,是一条巨蟒在作怪。据说,在硐底镇的地底下,一直生活着一条大蟒蛇。并且,有人还亲眼看到过蟒蛇出没:一次,有个妇女到山沟里割猪草,突然看到沟底的一个山洞里,伸出了一个簸箕大的蛇头,吓得她赶紧掉头就跑;还有一次,有人到秧田里去除草,还没走到田边,就看见茂密的秧苗迅速向两边散开,一个比晒席筒还粗的蛇身从秧田中钻出来,迅速溜下山崖不见了。

"那么大的蟒蛇整天在地上钻进钻出,有可能就是它把地上的泥土钻松了,所以才形成了这些'天坑'。"有人推测。

到底是什么原因呢？四川省的相关专家在第一时间赶到长宁县，准备一探究竟。

揭开天坑"现身"之谜

专家们来到长宁县，首先找到当地村民询问情况。村民们反映：天坑有可能是大地震发生的前兆。

"天坑"出现的第二天，村里的人们便引起了一阵恐慌，大家议论纷纷，担心当地会发生大地震。这种担心也不无道理：在一些大地震发生前，曾经出现过地面塌陷的现象；在地震发生的过程中，地面下陷、出现裂缝的现象也十分常见。

村民们认为"天坑"是大地震前兆的一个主要理由是，2008 年 5 月汶川发生特大地震以来，四川的余震一直持续不断，特别是与宜宾市相邻的自贡、内江等地，都曾经发生过 3 级以上的地震。而且更重要的是，在天坑出现的前十多天，即 4 月 14 日，与四川相邻的青海玉树发生了 7.1 级大地震。村民们担心：玉树大地震这根"导火线"，可能会引发长宁县的大地震。

对于村民们的这种说法，专家们一一进行了解释说明，消除了他们的疑惑。那么，天坑到底是什么原因造成的呢？

为了弄清天坑的构造，专家们先是找来一根长长的竹竿，站在坑边试探着往下

插,看看坑底到底有多深。不过,对一些太深的天坑,竹竿显然远远不够。于是,在专家的指导下,一些胆大的村民用绳索系住腰身,慢慢下坠到坑里察看……经过观察和测量,专家们发现天坑四周的洞壁一般分为上下两层,上层为深浅不一的土层,下层是松软的砂石层。

第一次考察结束后,有专家提出了一种见解:"天坑"是采煤引发的灾祸。

专家的这一观点,得到了部分村民的认同。"地底下的水把土泡松了,地面自然就会出现塌陷喽。"

"天坑"所在的山名叫"雷打顶",过去这里曾经有一座煤矿,并且煤矿的井口与"天坑"的直线距离只有80米左右。"会不会是煤矿把下面的土掏空了,所以才会出现地面下陷形成'天坑'的现象?"专家分析。这种情况在一些采煤区也曾经出现过,而在"天坑"出现的前两天,附近一煤矿的采煤巷道也曾经发生了涌水现象。

不过,后来的事实推翻了这种说法。因为就在专家们进行调查时,长宁县硐底镇的"天坑"还在继续"生长"。到5月18日,"天坑"的数量已经达到了43个。如果是采煤引起的"天坑",数量不可能有这么多,范围也不可能有这么广。

不断增长的"天坑",让当地的人们更加恐慌。

后来,地质专家携带专业考察工具,也帮助调查"天坑"来了。

地质专家利用钻探工具,获取了天坑下面的岩石样本。经过检测,这些岩石都属于石灰石,并且从过去地质勘探的经验来看,长宁县的地底下一定隐藏着不少溶洞。至此,专家从中得出了结论:"天坑"是地下溶洞作怪造成的。而直接原因,与地下水位降低密切相关。因为当地属于喀斯特地貌,地下溶洞较多,过去地下水位正常时,这些水把溶洞填塞得满满的，它们稳稳地"托"住上面的泥石，以确保地面不会下陷；而当地下水位降低后，溶洞就会出现较大的空隙，地面就会发生坍塌，从而形成"天坑"。

但是，地下水位为何突然下降了呢？

这时，有一位气象专家结合 2010 年初以来发生的西南大旱，提出了一个合理的解释。他认为，喀斯特地貌的地下水，主要依靠天上降雨来补充。如果降雨正常，地下水就会维持正常水位，如果降雨偏少，地下水位就会跟着下降。2010 年 1 月以来，包括川南宜宾在内的西南地区发生了特大干旱，过去云丰雨润的长宁县，也在这次大旱中严重降雨不足。

降雨量的严重不足，使得地下水位下降，而地下水位下降，又导致了地面"天坑"的出现。至此，"天坑"真相大白于天下。

诡异雅丹

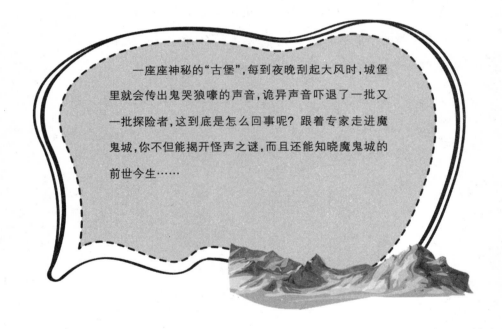

　　一座座神秘的"古堡",每到夜晚刮起大风时,城堡里就会传出鬼哭狼嚎的声音,诡异声音吓退了一批又一批探险者,这到底是怎么回事呢? 跟着专家走进魔鬼城,你不但能揭开怪声之谜,而且还能知晓魔鬼城的前世今生……

荒原上的恐怖怪声

雅丹,维吾尔语原意为"陡壁的小丘",现在泛指干燥地区的一种风蚀地貌。雅丹地貌是一种典型的风蚀性地貌,它是由于在风的磨蚀下,小山包的下部遭受到较强的剥蚀作用,逐渐形成的一种向里凹的形态。在重力作用下,松散的小山包上部岩层垮塌而形成陡壁,于是雅丹地貌便出现了。据有关资料统计,我国雅丹地貌面积约 2 万多平方千米,主要分布在青海柴达木盆地西北部,疏勒河中下游和新疆罗布泊周围。甘肃敦煌雅丹地貌属于中大型雅丹群,而且风蚀谷狭窄,造型丰富多彩,高密集型地貌群为世界罕见。

很多雅丹地貌看起来像一座座古城堡,当地人叫它们"魔鬼城"。魔鬼城有什么秘密呢? 让咱们一起,先跟着一位老外去看看吧。

老外来到魔鬼城

19 世纪末的一天,在我国新疆罗布泊的茫茫荒原上,几匹骆驼响着驼铃,在大漠深处艰难地跋涉前行。

驼队慢慢近了,前面一只骆驼上骑的,是一位高鼻深目的欧洲人,他就是瑞典有名的旅行家赫文·斯定。此刻他胸前挂着一只单筒望远镜,湖蓝色的眼睛在灼热的阳光下微微眯了起来。很显然,一望无际的沙丘和荒原,是他此次来中国探险所没有想到的。

斯定考察魔鬼城

紧随其后的骆驼上，坐着一位皮肤黝黑的地本地男子，此次他受雇作为向导带路，并负责照顾斯定的生活起居。

天气很热，斯定望了望起伏的沙丘，拿起单筒望远镜向远处看去。

"那是什么呀？"只看了一眼，斯定便情不自禁地叫了起来，"前面有一大片城堡，莫非，咱们又遇到了海市蜃楼？"

"城堡？"向导愣了一下，努力向前看去，果然看到前方有一片隐隐约约的堡状物。

"斯定先生，那不是城堡，是雅尔丹。"向导仔细辨认一番后说。

"噢，雅尔丹是什么意思？"斯定不解地问。

"雅尔丹在维吾尔语中就是险峻陡峭的意思。"向导说。

"城堡"终于近了，呈现在他们面前的，是一个令人震惊的世界：大片大片的土丘高高矗立，宛如大大小小的城堡。进入"城堡"之中，只见土丘形状千奇百怪，它们有的龇牙咧嘴，状如怪兽；有的危台高耸，垛堞分明，形似古堡；有的似亭台楼阁，檐顶宛然；有的像宏伟宫殿，傲然挺立。

"噢，我的天啦，这是多么神奇的地方！"斯定惊得目瞪口呆，他从骆驼背上滚下来，好奇地在"城堡"中走来走去。

脚下，全是干裂的黄土，地上寸草不生，四周没有一点声音，充满了令人恐怖的死寂。

"斯定先生，咱们快走吧，否则到了晚上，这里就会有魔鬼出来活动。"

向导显得有些紧张。

"这里有魔鬼活动?"斯定哈哈大笑。

"是啊,当地人把这里叫做魔鬼城,晚上可恐怖了。"向导说。

"是吗? 那咱们今晚就在这里宿营,见识一下魔鬼有多恐怖吧。"斯定不但不害怕,反而激起了强烈的好奇心。

无论怎么劝说,斯定都坚持要在城堡过夜,向导只得选了一块土丘,把驼队安置下来。

魔鬼声音太恐怖

太阳落下,夜幕徐徐拉开后,魔鬼城很快笼罩在神秘怪异的氛围中。这时,大片大片的黑云移到城堡上空,将整个城堡严严实实地遮盖起来。昏暗的夜色中,奇形怪状的土丘、"城堡"影影绰绰,若隐若现,仿佛一只只怪兽,令人毛骨悚然。

由于白天太疲劳了,斯定和向导坐在土丘后,不知不觉睡了过去。

"呜呜呜呜",半夜时分,一阵阵恐怖的声音在城堡上空响起,惊醒了斯定。他迷迷糊糊睁开睡眼,只见大风骤起,魔鬼城到处飞沙走石,仿佛无数魔鬼正在城堡里肆虐。

"魔,魔鬼来了……"向导哆嗦着跪在地上,嘴里不停地祈祷起来。

"我倒要看看这些魔鬼长什么样。"斯定拿起手电,试探着在城堡里走动。

微弱的光亮下,整个

"魔鬼城"

城堡显得十分可怖。到处都是鬼哭狼嚎的声音,但斯定却不知道这些声音是如何发出的。风沙吹打在脸上,感觉生疼。

由于手电是老式电筒,可供照明的时间很短,很快,光亮渐渐暗淡下去,四周重又陷入了无边无际的黑暗中。

"呜呜呜呜",恐怖声不绝于耳,且声音越来越大,令人不堪忍受。

"难道真的有魔鬼?"斯定心里也有些恐慌起来。他赶紧回到驼队身边,与向导一起,紧紧依偎着驼队,惊恐不安地等待黎明的到来。

可怕的夜晚终于过去,大风渐渐停止,"魔鬼"的声音也慢慢消失了。

天明之后,斯定和向导赶紧离开了魔鬼城。

之后,斯定又在新疆游历了许多地方,但令他印象最为深刻的,还是在魔鬼城的那个夜晚,他想了很长时间,并请教了不少有名的科学家,但当时谁也不清楚那些恐怖的声音来自何方。

"在新疆有一个地方叫雅尔丹,那里有一座魔鬼城,一到晚上就会发出各种恐怖的声音……"回国后,斯定将神秘的"雅尔丹"写进了他的书中。

若干年后,斯定的书传到中国,中国学者将书翻译成中文,"雅尔丹"一词在翻译的过程中,变成了"雅丹"。从此之后,"雅丹"就成为这一类地貌的名称。

斯定描写的魔鬼城怪声,引起了很多人的好奇和关注,在他之后,一批又一批的探险家来到魔鬼城,试图揭开恐怖怪声之谜。在有关魔鬼城探险的文字记载中,人们都对魔鬼城的恐怖景象记忆深刻。上世纪 80 年代初,一对外国夫妇曾到魔鬼城探险,并准备在"城"内住宿一晚,结果第二天天还没亮,他们便惊恐万分地跑了出来。"太恐怖了,那种声音让人无法忍受,"夫妇俩告诉外面的人,"这辈子没听到过如此恐怖的声音!"

科考揭开怪声之谜

我国有雅丹地貌的地方，大部分都有"魔鬼城"存在，其中，最出名的魔鬼城有以下几个：一是乌尔禾魔鬼城，它位于准噶尔盆地西北边缘的佳木河下游乌尔禾矿区，西南距克拉玛依市 100 千米，魔鬼城呈西北、东西走向，长宽约在 5 千米以上，方圆约 10 平方千米；二是哈密五堡魔鬼城，它位于哈密市五堡乡以南，距哈密市约 100 千米，魔鬼城长约 400 千米，宽 5～10 千米；三是昌吉奇台魔鬼城，它位于昌吉回族自治州奇台县将军戈壁深处，面积大约 80 平方千米。

为了弄清魔鬼城怪声的秘密，我国科学家曾多次走进魔鬼城开展科考。

科考队来到魔鬼城

20 世纪 60 年代，一个由地质工作者组成的科考队来到新疆克拉玛依市，准备对这里的矿藏进行勘探。领头的，是一名姓李的工程师，大家都尊称他为"李工"。

克拉玛依在维吾尔语中是"黑油"的意思，1955 年 10 月，克拉玛依的第一口油井喷出黑金般的石油，这里因此成为新中国成立后开发的第一个大油田。为了探寻更多的矿藏，李工他们踏上了这片神奇的荒漠。

科考队一行在克拉玛依附近考察几天后，决定向荒漠深处进发。这

在沙漠中行走的考察队

天下午,队员们来到了距离克拉玛依市 100 千米外的一个地方。

"前面就是魔鬼城,不能再往前走了。"向导指着远处说。

果然,顺着向导手指的方向,前方隐隐约约出现了一片巨大的土丘。

"这个魔鬼城,就是瑞典人斯定在书里记载的那个吗?"有队员问。

"不是,那个魔鬼城在罗布泊,咱们看到的这个魔鬼城,应该比那个还大得多。"李工看了一下随身携带的地图说。

"新疆到底有多少魔鬼城啊?"这个队员有些困惑不解了。

"一般来说,凡是雅丹地貌存在的地方,都会有魔鬼城出现。"李工说,"魔鬼城是一片未经勘探过的处女地,说不定下面有丰富的矿藏呢。"

"可是里面很恐怖,还有各种怪声,太吓人了。"向导不愿进入魔鬼城。

"放心吧,咱们这次来这里,不但要找到矿藏,还要弄清怪声的秘密哩。"李工哈哈一笑,率先向魔鬼城走去。

眼前的魔鬼城十分壮观,它呈西北、东南走向,远远望去,就像一座中世纪欧洲的巨大城堡。队员们目测了一下,估算"城堡"的长度在 5 千米以上,面积大约有 10 平方千米。

走进魔鬼城,大家算是开了眼界:城内有各种各样、惟妙惟肖的土石造型。"这个像阿拉伯的清真寺!""这个像西藏的布达拉宫!""还有这个,像柬埔寨的吴哥窟……"队员们七嘴八舌,充分发挥自己的想象力。

神秘的"魔鬼城"

不过，确如向导所说，魔鬼城内始终笼罩着一种神秘恐怖的氛围。很大的"城堡"内空无一人，静寂得可怕。走在一条条错落有致的"街道"上，大家有一种行进在"鬼城"内的感觉。

"魔鬼"来了

"今晚就在这里扎寨宿营了。"此时天色渐渐暗了下来，李工随即下达了宿营的命令。

队员们七手八脚，将帐篷搭在一条"街道"背面。

月亮渐渐升了起来，在朦朦胧胧的月光下，只见城堡内到处是若明若暗的影子，黑暗处仿佛藏着无数鬼魂，令人心惊胆战。

月亮越升越高，但奇怪的是，城堡内显得很安静，传说中的怪声并没有出现。

"看来'魔鬼'不会来了。"队员们相互打趣。由于劳累了一天，大家都很困倦，于是纷纷钻进帐篷休息。

"呜呜呜呜"，不知什么时候，外面突然响起了可怕的声音。同时帐篷猛烈地摇晃起来,仿佛有谁在外面拽动帐篷。

"这声音太恐怖了。"队员们相继醒来,一个个大睁着双眼,都有些不寒而栗。

"走,出去看看是怎么回事。"李工戴上矿灯帽,第一个向帐篷外走去。其他人也拿起照明工具,跟着走了出去。

外面的风很大,在昏黄的月光下,只见天地间一片昏暗。一块块鹅蛋大的石头被大风卷着,在地面上飞速滚动;细小的沙粒在空中飞舞,让人睁不开眼。

更可怕的是怪声。"呜呜呜呜"的声音来自四面八方,各种声音叠加在一起,像群狼在嘶嚎,又像是无数厉鬼在号哭,让人的耳朵难以忍受。

"这声音是怎么回事啊?"大风吹得人们身体颤抖,同时大家心里不由自主地涌起丝丝恐怖。

李工一言不发,他沿着城堡的"墙壁"慢慢向前探望,大风把他的身体刮得踉踉跄跄。

"快,测测这里风速有多大。"李工程师回头对队员说。

有个队员返身回到帐篷,拿来一个简易风速仪,在另一个队员的协助下,他用双手高高举起风速仪,很快,小小的风杯像陀螺般快速旋转起来。

1分钟的观测时间结束了,队员们测出了城堡内的瞬间最大风速和平均风速:1分钟内,瞬间最大风速是 18 米/秒,而平均风速在 12 米/秒以上。

"这个风速真够大的。"李工程师接过风速仪,自个观测了一番。没错,这里的大风确实令人吃惊。

大风持续猛刮,怪叫声搅扰得人们无法入睡。

"没错,风力越大,怪声的分贝越高,而风力越小,分贝越低。"凌晨 6

时左右，大风的风力渐渐减弱，队员们通过观测，得出了一个结论：怪声是由大风引起的。

可是，大风是如何发出那些可怕声音的呢？

科考揭开怪声之谜

这时天色渐渐发亮，大家的胆子也大了起来，队员们三三两两走进城堡去考察。

"咦，这个城堡里好多沙石啊。"李工和一个年轻队员走进帐篷附近的一个小城堡。

他们在里面只呆了一会儿，李工就注意到一个现象：大风卷着沙石，不停地扑打进来，碰到"墙壁"后，沙石便在里面回荡旋转起来。

"怪声是否与风的回声有关呢？"李工程师心头一亮。

为了验证这个想法，他和队员们一起，在魔鬼城的各个城堡间来回考察了许久。

"这些城堡都很独特，强劲的大风灌进去，就会在各个墙壁间激起不同的回声。"李工程师指着一处"断墙"说，"你们看，大风不但发出回声，还把这些墙壁刮得越来越残破了。"

队员们仔细观察，发现果然和李工说的情况一致。

天色大亮，大风逐渐停止，而怪叫声也慢慢消失了。经过一夜的考察，大家终于弄明白了魔鬼城怪声之谜。原来怪声是由大风引起的：每当大风刮起，风穿越众多的"断壁残垣"时，就会激起回声，由于这些回声的频率高低不一，因此便形成了各种各样的叫声，而成百上千的狂叫声连成一片，便令人毛骨悚然，不寒而栗了。

不可思议的洪水足迹

魔鬼城的怪声是弄明白了,但魔鬼城是如何形成的呢?它还隐藏着哪些不为人知的秘密呢?

一次偶然的发现

1986年,地理学家们的一次偶然发现,揭开了魔鬼城许多不为人知的秘密。

这年6月初的一天,新疆哈密市地理学会准备组织一次科学考察,发起人是该学会的秘书长刘志铭。他与同伴一行4人乘坐吉普车,带着简单的地理定位仪器——罗盘,向茫茫戈壁滩进发了。

这次科考,虽然只是一次常规的野外考察,但要到达目的地沙尔湖,必须穿过令人恐怖的魔鬼城。关于魔鬼城的种种传说,刘志铭他们只是听说过,从未到实地进行过考察,因此,这次考察无疑是一次冒险之旅。

吉普车载着科考队,在无边无际的戈壁滩上行驶半天后,来到了一个叫五堡乡的地方。再前往走20多千米就完全进入戈壁腹地了,科考小组在这里休整了一下,将吉普车停在乡上,然后开始徒步进入戈壁考察。

6月正是当地最热的时候,如火的骄阳炙烤着戈壁,地面被烤得发烫,酷热的空气几乎令人窒息。刘志铭他们艰难地向前行走着。

大概走了2个多小时,刘志铭停下来抹了抹汗水,正想伸个懒腰时,突然，他的目光像被什么黏住了。

在前方不远处，一座座辉煌壮观的庞然大物拔地而起，它们成片连接在一起，像从地下忽然浮出的城堡。在阳光的映照下，城堡发出诱人的橘黄色光晕。

几乎与此同时，同行的 3 个专家也看到了那座不可思议的堡垒。

"这就是传说中的魔鬼城了，"刘志铭有些欣喜地说，"它就是人们常说的'雅丹'地貌，存在于世界上很多干旱地区，在中国则是新疆分布最多，因为这种地貌被大风吹动时，会发出可怕的声音，所以当地人叫它魔鬼城。"

一行四人走进魔鬼城，眼前的景象令他们目不暇接。城堡内有各种各样的土丘造型，有的像猛兽，有的像禽鸟，有的像人物，还有的像传说中的神仙。

"过去我们对这种地形了解很少，只看到过小块儿的这种风蚀蘑菇，或者局部的风蚀柱，但这种大规模且变化奇特的地貌，还是第一次看到。"刘志铭用手摸了摸那些奇形怪状的土丘说。

在阳光的照耀下，魔鬼城里几乎没有一点声音，充满了死一般的沉寂。这里似乎永远是死神的领地，所有生命在这里都不复存在了。

不过，这一切对刘志铭他们来说并无影响，大家兴致勃勃地在魔鬼城里考察起来。

城堡里，是无穷无尽的"墙壁"和"街道"，走了老半天，大家都感觉有些累了，于是便坐下来休息。

刘志铭却不甘心，他虽然坐在地上，但目光仍盯着那些土丘不放。

"这些土丘的土质，与戈壁的沙砾土壤为何截然不同呢?"当他把目光收回戈壁地面时，突然发现了一个重要的细节：构成城堡的土丘土质，与

周围戈壁的沙砾土壤明显不同。

刘志铭像发现新大陆一般，立刻变得兴奋起来。他从背包里取出一个放大镜，凑近土丘仔细观察起来。

专家在魔鬼城考察

"老刘，你发现什么了？"其他专家看见刘志铭趴在土丘上，都不由自主地聚拢过来。

"你们看，这些土丘的土质与戈壁的土壤不但不相同，而且从土丘剖面上可以看出，它们都无一例外拥有非常清晰的层理结构，不同层理间的土质也有所区别，这显然与戈壁荒漠的环境反差很大。"刘志铭用手抚摸着土丘上的层理说。

"这些土丘的确与戈壁不一样！"专家们也一下兴奋起来了。

"这些都属于静水沉积层，它们是一种砂岩，你们看，越往上，它的颗粒逐渐变得粗糙起来，这就是洪水沉积相的特征。"刘志铭细心地把土丘表面擦拭干净。

"洪水？"专家们心里一震。

"你们再看这块土丘的倾斜面，它表明这块土丘当时沉积下来后，洪水又在这里水平沉积，这样一层一层的，把这些泥沙都卷在这里，大的颗粒沉积下来，小的逐渐变细了，因此便形成了这种典型的沉积地貌。"刘志铭进一步分析。

难道荒凉的戈壁深处竟然出现过大面积水域？大家一下都迷惑不解

了。望着那些干得冒烟的荒漠地面,谁也不敢轻易下这个结论。

魔鬼城曾经是湖泊吗

这次考察结束后,刘志铭采集了一些砂岩标本带回去分析。结果和他事先的分析十分相符,这些砂岩的确是洪水沉积形成的。

为了证实魔鬼城曾经出现过洪水,刘志铭又查阅了大量的资料,他发现:哈密魔鬼城所在的地方,曾经有一条名叫"库如克果勒"的河流从这里流过,魔鬼城现在所在的位置,就处在已经消失的库如克果勒河床北侧长120多千米、宽30千米的广大范围内。

如果魔鬼城里的巨大雅丹土丘都是水域中的泥沙沉积而成,那这里曾经是怎样广阔的一片水域啊! 刘志铭心里十分激动。他认为:有水就会有生命存在,如果能在魔鬼城里找到动物化石,那么就能证明这里的确存在过巨大湖泊。

事实上,正如刘志铭所推测的那样,很多魔鬼城在远古时代都曾经是湖泊,如位于准噶尔盆地西北边缘的乌尔禾魔鬼城,这片方圆约10平方千米的地方,据考察大约一亿多年前曾经是一个淡水湖泊,湖岸生长着茂盛的植物,水中栖息着乌尔禾剑龙、蛇颈龙、准噶尔翼龙等远古动物。后来经过两次大的地壳变动,湖泊变成了间夹着砂岩和泥板岩的陆地瀚海。正是那些死去的动植物遗体在地下经过细菌分解,以及地层内的高温、高压作用,分解、转化成石油,所以今天"魔鬼城"一带才蕴藏着丰富的天然沥青和石油。

魔鬼城的神秘生物

自那次到哈密魔鬼城考察发现洪水痕迹后,刘志铭的好奇心被彻底激发了。几天之后,他再次带领考察组奔赴哈密魔鬼城考察。

发现骨头棒

这一次,他选择的路线和第一次有所不同,为了考察最原始的雅丹地貌,他特意选择了一片从未有人踏勘过的区域。

这个地方在魔鬼城的南部,因为从未有人去过,所以这里显得更加的寂静和可怕。走在巨大在城堡群里,仿佛是在地狱或火星表面行走,每个人的内心,都会不由自主地升腾起强烈的恐怖感。

在城堡内转悠了一会儿,就在大家都有些疲倦的时候,刘志铭突然又有了新发现。

刘志铭看到地面上到处散落着像骨头棒一样的东西,它们的数量非常多,有的完全暴露在地面上,有的则镶嵌在沙土之中,只露出一星半点面目。

"这是什么呀?"队员们都有些惊讶。

刘志铭随手捡起一块骨头棒,拿考察用的小锤轻轻敲了敲,骨头棒发出清脆的"当当"声。

"这应该是一些骨头化石!"刘志铭大喜过望。

说完，他迫不及待地在地面上寻找起来。很快，一块相对较大的骨头化石被他捡了起来。

"这块化石表明，动物的骨骼非常粗大，"刘志铭分析，"你们看，露出的这部分是一个脊椎骨，它大约有 30 公分粗——这只是表面露出的，至于里面还有多大，现在我们还不知道。"

"这么多的动物化石，是否说明这里曾经有过良好的生态环境？"又有队员问道。

"肯定是这样，"刘志铭说，"这也正是咱们此次考察的目的，不过，这些究竟是什么动物的化石，要回去请专家鉴定后才能知道。"

考察活动结束后，刘志铭采集了一些化石标本，装了满满一小袋。回去后，他找到了一个名叫赵兴有的专家，将化石标本全部交给他，请他帮助鉴定。

赵兴有是中国科学院新疆生态与地理研究所的研究员，他也是一个对魔鬼城很有研究的科学家，而且多次对雅丹地貌进行过考察。接到刘志铭从魔鬼城带回的化石后，他立即对它们一一进行鉴别。

"这个是鸟类化石，估计产生于侏罗纪时候，属于始祖鸟。"赵兴有也显得很兴奋。

"这么说，侏罗纪时期哈密的戈壁荒漠上就有大量的始祖鸟生存？"刘志铭压抑着内心的激动。

"是啊，按照化石情况推测，魔鬼城在远古时代曾经是鸟儿的天堂，它绝不像现在这样荒凉。"赵兴有说。

化石

"大量鸟儿生存的地方,一定存在大片水域,魔鬼城过去可能是一个大湖泊。"刘志铭说出了自己的分析。

"对,正是这样。"赵兴有表示同意。

两位专家经过讨论,还认为魔鬼城里应该存在恐龙化石。原因是早在20多年前,克拉玛依市的乌尔禾魔鬼城就曾经发现了一具完整的翼龙化石,当时古脊椎动物之父杨钟健将其命名为魏氏准噶尔翼龙,从而使得乌尔禾魔鬼城蜚声中外。

怪石像树干

就在两个专家准备进一步研究的时候,又有个消息传来:有人在魔鬼城的南部发现了怪石。

原来,刘志铭在魔鬼城南部发现化石的消息传开后,很快在当地引起了轰动,大家一传十,十传百,都传说魔鬼城里有宝贝,于是一些人铤而走险,跑到魔鬼城里去找宝贝。结果宝贝没找到,却发现了不少怪石。

这个盛产怪石的地方,位于魔鬼城南部的南湖地区。当寻宝的人走到这里时,发现在戈壁的风沙中,有很多石头暴露在地表,有人随手捡起一块石头,一看,发现石头的外观很像树干,再仔细观察,发现遍地的石头都像树干。"这些石头不寻常,捡回去说不定也能卖钱。"于是,人们捡了几袋怪石回来,并将它们卖给了经营奇石的商店。

听说怪石"长"得像树干,赵兴有和刘志铭等专家都十分感兴趣。他们特意找来几块怪石进行鉴定。不久,鉴定结果出来了,原来这些石头确实不同寻常:它们是一种硅化木,是侏罗纪时期遗存下来的"老资格",距今已经有1.2亿年到1.4亿年的历史了!

大量硅化木的发现,说明魔鬼城曾经拥有大片茂密的森林。那么,这些硅化木又是怎么形成的呢？专家们研究后指出，这是由于地质变迁，魔鬼城一带发生了天翻地覆的变化，大量茂密的森林被埋入地下，天长日久，硅元素侵入置换，就形成了硅化木。通俗来说，硅化石就是树木硅化后形成的化石。专家们同时还指出，在魔鬼城周边发现的三座大型煤矿，也同时说明了这一点，因为煤是树木炭化后的化石。

硅化木的发现，让赵兴有和刘志铭的研究更进了一步，他们把始祖鸟化石结合起来分析，得出了这样一个结论：侏罗纪时期的魔鬼城是一个面积很大的内陆湖，周围森林环绕，始祖鸟在天空自由飞翔，地面上恐龙到处爬行，充满了生命的气息，绝不像今天这样一片死寂。根据研究的成果，他们还画出了侏罗纪时期魔鬼城的复原图。

两位专家的研究结论，得到了业内人士的赞同。不过，随后不久，刘志铭的另一次意外科考发现，又让这一结论显得模糊起来，看似已经清晰的魔鬼城，再一次变得扑朔迷离了。

侏罗纪时期的魔鬼城复原图

荒原前身是大海

硅化木被发现后,刘志铭对雅丹地貌的研究热情更大了,他一次又一次地组织到魔鬼城考察,有时甚至一个人也到那里去开展工作。

白色的石头山

这一天,刘志铭一个人行走在魔鬼城附近的南湖戈壁滩上。正午的阳光十分强烈,荒漠的地面温度高达60多摄氏度,脚踩在上面,他感到脚掌被烫得阵阵生痛。

刘志铭从背包里取出水壶,小心地喝了几口。戈壁里处处干得冒火,而且附近没有水源补充,所以他必须节约用水。

喝完水,正要继续上路时,他看到在阳光的照射下,远处有一片发亮的东西,仿佛是湖泊反射的光亮。这一带怎么会有湖泊呢? 刘志铭感到不可思议,他的第一反应是遇到了海市蜃楼。

出于好奇,刘志铭向那片发亮的区域走去。一步步走到近前,原来那是几座白色的石头山。它们与周围的戈壁环境相比,是那么的显眼和与众不同。

凭直觉,刘志铭觉得这其中可能又有奥秘。他走到最近的一座石头山上,刚一蹲下来,就看到山上的石头有些怪异:石头的表面呈现孔状,仿佛是被人特意雕刻过一般。

"这里的石头怎么会有这些形状呢?"刘志铭的兴趣又来了,他用手在那些石头表面抚摸了半天,为了看得更清楚,他干脆取出水壶,不顾三七二十一,一下把里面的水全泼向石头。

"哗哗",清水与石头相碰发出轻微的撞击声。水流过处,石头表面马上清晰地显现出一块块像野山蜂的蜂房一样的图案,"蜂房"的中心,还有一条条的放射纹。

"这不是珊瑚化石吗?"根据过去的经验,刘志铭当即断定:这些带有蜂房状图案的石块,就是珊瑚的化石。

他赶紧取出相机,对这些化石进行拍照。同时采集了几块小的化石,装进了身上的背包里。

由于饮用水已经被他当成科考"工具",全部泼在了石头山上,所以考察完毕后,他不得不赶紧往回走。

一路走,他的大脑一路不停思考。他觉得,原来的分析判断可能有问题了。因为依据珊瑚的生活习性判断,它们应该是生活在水深不超过200米、水温在18 ℃以上的热带浅海域中,但是在内陆的魔鬼城中却发现了它们的化石,这就说明:魔鬼城一带曾经是热带海洋!

可是,在此之前他和赵兴有分析的结论却不是这样,他们推断在侏罗纪时期,整个魔鬼城所在的哈密盆地甚至新疆都是内陆湖盆,森林分布其间,根本不可能存在海洋。

两种推断在刘志铭的大脑中不停地激烈交

这里曾经是热带海洋

锋。回去之后，他立即找到赵兴有，将自己这次的意外发现告诉了他。

赵兴有看过那种带蜂房状图案的石块后，也确定那就是珊瑚化石。

"看来魔鬼城经历的巨变并不像我们想象的那么简单，它的形成时间还应该再往上追溯。"赵兴有说，"根据我掌握的资料分析，哈密盆地乃至整个新疆地区的地质变化时间，都要向上追溯到 2.5 亿年到 2.2 亿年前的二叠纪。那个时期，该地区很可能还是一片汪洋大海。"

两位专家开始对魔鬼城的形成重新进行认真分析和研究。魔鬼城的迷雾，正一点点地逐渐散去，它的形成原因，在专家们的研究下逐渐清晰起来。

魔鬼城的沧桑巨变

进入 21 世纪，为了弄清魔鬼城的前世今生，中央电视台摄制组也参与其中，他们邀请专家赵兴有和刘志铭一起到魔鬼城，一边考察，一边讲解魔鬼城的形成。

刘志铭带领摄制组一行，首先来到了他发现珊瑚化石的地方，并讲述了珊瑚化石的发现过程。赵兴有则向摄制组讲述他的分析结果。

赵兴有推测，二叠纪的时候，也就是距今 2.5 亿年到 2.2 亿年前，当时包括新疆在内的西北广大地区，都是一片汪洋大海，而现在很高的大山，像昆仑山、天山以及北面的阿尔泰山，那个时候都还不太高。海里的珊瑚，就在这时大量出现，并在后来因地质运动而成为珊瑚化石的。后来到了三叠纪末期的时候，西北地区出现了一次比较强烈的地质构造运动，在地震、火山等作用下，西北地区的大片区域，包括天山、觉洛塔克山、昆仑山都出现了一次抬升，这些山就像婴儿一样迅速长大。由于地形整体抬升，海水慢慢退出，陆地露出海面，但在一些低洼的地方，像魔鬼城所在的哈密盆地、准噶尔盆地等区域，海水退不出去而囤积下来，从而形成了大型的内陆湖泊。

接下来，刘志铭又带领摄制组先后来到了硅化木和始祖鸟化石的发现地。

面对如此众多的化石，大家都感到十分惊讶。

"这些化石，大概形成于距今1.4亿年到1.2亿年的侏罗纪，"赵兴有从地上捡起一块化石说，"这个时期，西北的大型内陆湖泊气候都非常湿润，而且光热条件很好，出现了适应大型哺乳类动物以及鸟类、大型植物生长的环境条件，于是慢慢地，茂密的森林出现了，而始祖鸟等也开始出现，并在湖泊周围一带优哉游哉地潇洒生活。后来由于地质变化，这些生物被掩埋地下，于是便形成了今天我们看到的硅化木以及部分鸟类化石。"

"后来的地质变化是什么情况呢?"摄制组的工作人员十分好奇。

"后来到了白垩纪，这时湖泊虽然还存在，但气候已经开始发生变化，空气不再像侏罗纪时那么湿润，光热条件也没有那时好。而且这个时候，哈密盆地等低洼地出现了整体下降、部分地方抬升的态势，地质变化仍然在继续着。"赵兴有说，"时间推进到4500万年前的第三纪，这时喜马拉雅构造运动爆发，天山、昆仑山、青藏高原强烈抬升，'世界屋脊'高高隆起，一个坏现象出现了:印度洋的湿润气流被青藏高原拦腰隔断，再也输送不到西北地区来了。雨越来越少，空气越来越干燥，哈密盆地虽然还是一个湖盆，但泥沙慢慢沉积，周围的生物也跟着慢慢减少。"

"生物是不是这时灭绝的呢?"工作人员又问。

"不是,可怕的噩梦出现在距今两三百万年的第四纪,这个时候,不曾预期的巨变又一次发生了。"赵兴有解释说,"第四纪初期,整个气候发生了彻底变迁,天气寒冷,雪花飘舞。在可怕的严寒袭击下,新疆大的山地里面都形成了一系列的冰川,这就是我们所说的冰期。冰期来临以后,包括天山、昆仑山都是半覆盖型的冰川,其规模基本上都可以达到山麓地带,许多侏罗纪时代形成的生物,就在这时逐渐消失了。"

"再后来的情况呢?"

"再后来,气候又开始变暖,这时盆地局部的气候变得异常干旱,降水很少,而蒸发量又很大,湖水入不敷出,于是湖盆渐渐干涸成了陆地。在气候变暖的同时,大量的冰川融化,形成了滚滚洪水,它们把细的沙泥搬运到盆地里面,也就是现在魔鬼城所在的范围内堆积起来,成为沉积物。大概 80 万年左右的时候,雅丹地貌开始发育。"赵兴有最后总结说,"在 2 亿多年的地质变迁中,魔鬼城所在的盆地经历了由海盆到湖盆、湖盆到陆盆的沧桑巨变,这就是我们常说的沧海桑田。"

"不过,虽然经历了沧海桑田的巨变,但这时的魔鬼城尚未形成。它必须借助强大的外力才能成为'魔鬼'。"刘志铭补充道。

"雕琢大师"制造魔鬼城

形成魔鬼城的强大外力是什么呢?

赵兴有和刘志铭带着中央电视台的摄制人员,继续在魔鬼城里进行考察。

风立下汗马功劳

"在新疆的多个盆地中,湖相沉积物形成之初,风和水对其也无可奈何。"刘志铭指着一个土丘说,"你们看,这些沉积物当初经过洪水的反复冲击,形成了一层泥、一层沙,又一层泥、又一层沙的交错层状结构,这其中的泥岩层结构紧密而坚硬,一般不易遭受风和水的侵蚀。"

"那是什么力量使它们剥蚀的呢?"工作人员问。

"热胀冷缩效应!"刘志铭说,"在极端干旱的地区,昼夜温差变化剧烈,白天和夜晚的温差常常达到 30 ℃ 至 40 ℃。也就是说,白天的温度很高,到了夜晚则迅速下降,这样一热一冷,就会形成强烈的热胀冷缩效应,这个力量相当大,它可以使泥岩发生崩裂,一层层剥离脱落,形成许多水平状或垂直状的外观,从而使夹在泥岩层之间的沙层也逐渐暴露在地表,这为雅丹形成创造了条件。"

"只有热胀冷缩这一个原因吗?"

"当然不是,"刘志铭说,"魔鬼城最大的特征是风,风的侵蚀效应更加厉害,猛烈而持久的大风,可以说是魔鬼城形成的重要原因,大风不断剥蚀,使遭到破坏后的泥岩层形成一个个的风蚀沟谷和洼地。当然,水的作用也不容忽视,水的冲刷可使泥岩层间的裂隙进一步加宽扩大,从而使得风蚀作用更加凸显。"

说着,刘志铭还找到土丘上一些明显的风蚀和水冲刷痕迹,给大家一一讲解:"就这样,在风的吹蚀和水流的冲刷下,堆积在地表的泥岩层间的疏松沙层,被逐渐搬运到了远处,原来平坦的地表变得起伏不平、凹凸相间,雅丹地貌的雏形就这样诞生了。当然,雏形雅丹形成后,风、水等外力还继续施加作用,这样就使低洼部分进一步加深和扩大;突出地表的部分,由于有泥岩层的保护,相对比较稳固,只是外露的疏松沙层受到侵蚀,由此塑造出千奇百怪的形态。至此,雅丹地貌最后形成了。"

"这样长期的侵蚀,雅丹地貌会不会消失呢?"工作人员有些担忧地问。

"雅丹在形成后,不可能一劳永逸地保持原来的面貌,因为包括风和水在内的外营力的作用永不会终止,它们会使雅丹外貌经常发生新的变化。"赵兴有接过话头说,"随着侵蚀作用的继续,凹地会越来越大,而凸起的土丘则会日渐缩小,并逐渐孤立,最终崩塌而消失。这种情况,在罗布泊东岸的阿奇克谷地中比比皆是,说明雅丹地貌在此已度过了它的最盛时期,开始走上消亡之路。不过,旧的雅丹地貌消失后,紧接着新的雅丹还会孕育出现。"

大风雕琢形成的"城堡"

赵兴有带着大家在魔鬼城里转悠了半天,他指着不同的土丘告诉大家:上大下小的蘑菇状土丘是雅丹典型的衰亡阶段,它们消失后将成为一片戈壁;上小下大、造型各异的土丘是雅丹的中年阶段,它们也是目前魔鬼城的主体部分;而沟槽则是雅丹发育的初级阶段,随着风蚀作用的加强,它们会变得支离破碎,并最终成为新的雅丹。

"在雅丹形成的过程中,风可以说立下了汗马功劳,但魔鬼城的大风是哪里吹来的呢?"对此,工作人员感到困惑不解。

是啊,大风源自何方?

大风的来源

"据气象专家分析,大风来自于盆地北面60千米外、高达4000米的天山。"刘志铭说。原来,天山由于地势比较高,气温也比较低,所以那里经常形成一个冷高压区域。但盆地的戈壁里温度相对较高,尤其是在夏天,由于表面没有植被,荒漠被太阳一晒,气温高得吓人。气温高,相应的气压也就低,因此盆地常常形成一个低压区域。而空气像水一样,都是从高的地方流向低的地方,因此一到晚上,天山上的冷空气就会向盆地大范围对流,如此便形成了强烈的山谷风。

"不过,一天中从傍晚开始的强烈山谷风,并没我们想象中的那么大,这样的风还不具备制造雅丹的足够力量,"刘志铭说,"这就像发电厂发出的电一样,刚开始电压并不高,要经过变电站后,低压才能变成高压。而把山谷风放大的'变电站',就是地理上常说的狭管效应。"

原来,从天山上吹来的是西北风,它的前进方向是东南方,但正好天山东西横挡在新疆的中间,起了一个阻挡作用。风不得不从天山低的山底经过,并寻找突破口一泻而出。比如像哈密的七角井,就是一个大的风

游客游览魔鬼城

口，强烈的西北风在天山的山谷中蜿蜒盘旋，最后经由七角井山口呼啸而出，狭窄的山谷使憋闷了许久的气流犹如决堤的洪水倾泻而出，冲向广阔平坦的戈壁，风速被大大加强，形成典型的"狭管"效应。之后，七角井南面17千米处的13间房一带，几条深沟大槽正好对着七角井山口方向，西北风在这里通过第二次"狭管"效应，形成了新疆风速最大的百里风区，每年的大风日达到了149天。

"这还不是唯一的大风源，"赵兴有补充说，"东南风对它的吹蚀作用也是非常强烈的。两股风共同作用，就逐渐形成了我们国家比较典型的这种雅丹地貌。"

通过两位专家的解说，魔鬼城的神秘面纱被全部揭开了。原来它并不是魔鬼作怪，而是大自然的一项杰作。

绝美石林

　　成千上万的石头，在地表聚积成了一片片美丽的石头森林，它们有的造型独特，有的千奇百怪，有的红艳如火……这些石头森林是如何"生长"出来的？为何南方和北方的石林各不相同？让我们跟着专家的脚步，一起到石林丛中走一遭吧。

摄影家发现石林王国

天造奇观的云南石林,是世界唯一位于亚热带高原地区的喀斯特地貌风景区,素有"天下第一奇观"、"石林博物馆"的美誉。2007 年 6 月 27 日,在新西兰基督城召开的第 31 届世界遗产大会表决通过了"中国南方喀斯特"申遗项目,石林正式列入了世界遗产名录。

然而,这一世界奇观的发现,却是得力于一位摄影家呢。

"鬼地方"的吸引

1938 年夏季的一天,在云南路南县(即今天的石林县)的山上,一位 35 岁的中年人背着一架相机,拨开荆棘草丛,奋力向山上爬去。

这位中年人名叫杨春洲,他老家是云南省石屏县。1929 年,杨春洲从北京师范大学毕业后,先后在北京、上海、开封等地中学任教,1936 年前往日本东京帝国大学攻读研究生。抗日战争即将爆发,他毅然回国,到云南省担任云南大学附中的校长。

杨春洲是一位摄影爱好者,工作之余,他喜欢背着相机,到野外拍摄当地的风土人情。到云大附中不到一年的时间里,他就走遍了昆明附近的各个县城。1938 年夏天,学校放暑假后,杨春洲决定到一个更远的地方去拍摄,并选定了距昆明将近 80 千米的路南县。

那时的交通很不发达,80 千米也需要走很长的时间。杨春洲先是坐汽车,后来汽车坏了不能开,他就步行前进。到达路南县城后,他听人说,在县城后面的山里,有一个"兔子都不拉屎"的鬼地方。杨春洲觉得好奇,于是决定前去看看。他问明方向后,一个人背着机相出发了。

当时的路南县人烟稀少,而那个"兔子都不拉屎"的鬼地方更是荒无人烟。一路上,到处都是荆棘和荒草。杨春洲不得不用手拉住荆棘,拨开荒草,一步一步小心往前走。汗水很快湿透了衣衫,手上和身上也被荆棘划开了几处伤口,但他全然不顾,一心只想早点看到那个神奇的地方。

攀爬了几个小时后,那个当地人所说的"鬼地方"终于出现在了杨春洲的眼前。

这个"鬼地方",就是后来闻名天下,并被列入世界遗产名录的石林!

这是一片多么奇妙的石头森林啊!望着这些鬼斧神工、形态万千、气势恢宏的石头森林,杨春洲被震撼了。他迫不及待地取出相机,对着眼前的美景猛拍起来。

考察遭遇险情

杨春洲所用的相机,名为"蔡斯·依康",这是 1937 年他在上海花108 元买的。相机的镜头是 F 3.5 折叠式样镜箱,携带很方便。不过,镜头虽然很好,但机身太简单,测距全凭目测和经验。

不知不觉,杨春洲已经深入了石林之中,除了拍照,他还不时用手摸摸身边的岩石,有时还停下来,捡起地上的小石头仔细观察。他在岩石间钻来钻去,完全忘记了自己,也忘记了石林里潜在的危险。

"咔嚓",正当他举起相机不停拍摄时,突然发现不远处的地面上,有一个东西正快速向他逼近。他睁大眼睛仔细一看,发现那是一条如海碗般粗的巨蛇,此刻巨蛇昂着脑袋,吐着长长的舌头,飞快地向他爬来。

"啊!"杨春洲惊叫一声,吓得赶紧转身,拼命狂奔起来。

杨春洲拍摄的石林作品

从路南县回到昆明后,杨春洲很快将石林的照片冲洗出来,并寄往昆明、上海、香港的报刊。当神奇的石林照片发表出来后,迅速引起世人的关注,并吸引了无数的探险者、摄影家、旅游者前来。

杨春洲于 2000 年 4 月逝世,他一生共拍摄了 62 年的石林影像。此外,他还是在上世纪 90 年代初第一个向全国政协提出议案,要求将路南县改为石林县的政协委员,在此后的几年中,提案引起国务院的高度重视,并最终在 1998 年将路南县正式更名为石林县。

石林是如何形成的

杨春洲的发现,为石林王国——云南石林的科学考察奠定了坚实基础。石林里有哪些秘密呢? 它是如何形成的? 许多专家为此专程来到石林县,开展了一次又一次的科学考察活动。

经过专家们的多次考察,认为石林的形成要经历漫长的四个阶段:

第一阶段,2.5 亿年前,大海中沉积的数千米厚的石灰岩,在地球内力的作用下,露出海面,形成原始地面;后又在内外力的作用下,岩石形成各种裂隙和节理,溶解了 CO_2 的雨水及地表水顺着裂隙渗入,与石灰岩发生化学反应,溶蚀作用开始。岩石表层的裂隙经溶蚀作用不断扩大。

第二阶段,雨水和土壤水不断地对石灰岩进行溶蚀作用,经过漫长的时间,在原始的石灰岩中央形成了高度不一的石芽、石柱。

第三阶段,2.3亿年前,石林地区发生火山爆发,岩浆沿着地裂喷出,火山喷出的玄武岩和凝灰岩在冷却收缩的过程中,产生了各种裂隙。雨水沿着这些裂隙向下渗流,在玄武岩的覆盖下,石柱、石芽仍在发育,而覆盖在上面的玄武岩在风、雨、温度等外力的作用下开始了风化、剥蚀的漫长过程。

第四阶段,4千万年前,由于地壳下沉而变成了内陆湖,沉积了约500米的红色沙砾层。此后地壳隆升,湖泊消失。一方面被覆盖下的故石芽、石柱继续发育,另一方面由于风化剥蚀作用,玄武岩和凝灰岩及红色沙砾层不断被搬运掉,地面逐渐降低使埋藏的石灰岩不断出露,石芽、石柱不断发育,又经过漫长的时间和一系列的运动,我们终于见到了今天的石林。

石林丛中走一遭

云南石林自引起世人关注后，无数的科学家、探险者、旅游者接踵而至，石林申请加入联合国世界自然遗产名录的呼声也越来越高。

"申遗"冲刺期的科考

2007年春季，在云南石林"申遗"进入冲刺的关键期，一个科考队来到了云南石林县，领头的是著名喀斯特地貌专家、中国科学院地理研究所研究员宋林华教授。这次科考，宋教授肩上的担子很重，他要为石林申请加入联合国世界自然遗产名录撰写报告。

春季的云贵高原，阳光明媚，天空碧蓝如洗，朵朵白云飘浮在空中，给人一种心旷神怡的感觉。不过，进入5月后，这里就会迎来潮湿多雨的"湿季"，并且会持续半年的时间，所以，宋林华他们必须赶在5月之前完成科考工作。

这天上午，科考队携带设备进入了石林区。宋林华有两件随身宝贝，一是笔和本子，二是照相机，另外，还有用于测量和收集标本的卷尺、激光测距仪，以及锤子、口袋等工具。当然了，宋林华也和队员们一样，穿上了特制的鞋子，因为石林的一些地方，地面石头如刀一般锋利，一般鞋子稍不留神就会被割破。

由于石林的总面积达到了350平方千米，里面可能会隐藏有蛇、野猪等凶猛动物,因此队员们还带上了防身的武器。

一进入石林,科考队就犹如进入了原始森林中。不同的是,这些"森林"是由一座座、一簇簇的石峰、石柱、石芽构成的。穿行在石林中,好像进入了一个童话般的神秘世界。石峰千姿百态,高度大约在 5 米至 40 米之间,它们有的像宝塔层层叠叠,有的像宝剑直插蓝天,有的像蘑菇撑开伞盖……石林的道路大部平坦,但有些地方十分陡峭,稍不注意,脚就会被石孔卡住。

宋林华教授此前已经多次来考察过石林了,不过这次考察的意义不同,涉及"申遗"大事,因此他格外细心。

"这块石峰比较特别。"看到"长相"奇特的石峰,宋林华总会停下来,用手细细触摸,或者走上前去,仔细察看石峰上的细节。他一会儿拿出相机对着石峰拍照,一会儿拿出笔和本子忙着记录。

"研究喀斯特地貌,没有比石林更好的地方了。"宋林华一边擦着汗水,一边忙得不亦乐乎。

前面出现了一座像城堡一样的石头阵,要爬上去很不容易,队员们征求宋林华的意见,问他要不要上去。

"上去,怎么不上去呢?"宋林华挥挥手,带头向城堡爬去。

形形色色的造型

第一天的考察结束后,科考队返回营地休息。第二天一早,大家再次向石林进发,这天考察的内容是"象形考察"。

"象形",就是将石林比拟为人、物或动植物。"石林的象形景点十分丰富,而且象形惟妙惟肖,堪称中国自然风景之最。"宋林华一边考察,一边向大家介绍。

"你们看，几个石峰上举着一块石头，那块石头多像一朵盛开的莲花呀！那一朵朵花瓣，你们看到了吗?"宋林华指着一个叫"莲花峰"的景点说。

"真是太像了。"大家看着不远处的"莲花峰"，真是越看越像莲花。

"唐僧西行"、"双鸟渡食"、"南天骏马"……一路考察过来，大家来到了石林最负盛名的象形景点"阿诗玛"前。这是一块高高挺立约25米的石峰，形似美丽的撒尼族少女，头戴包头，身背背篓，双手扶着背篓带，凝视远方。

"高度为30米左右的石林，其形成需要120万至220万年，"宋林华告诉大家，"'阿诗玛'至少在这里站立上百万年了。"

科考队在"万年灵芝"景区考察时，不时看到当地村民在耕种石林丛中的一块块土地。周围的石峰是灰色的，但石峰下的土地却是红色的。"这是因为雨水不断冲淋，加上地下水管道发达，土壤中的钾、钠、磷等都被雨水带走了，剩下的红色铁铝氧化物十分密集，所以把土壤染成了红色。"宋林华解释。

不过，在一片灰、红之中，大家却看到了一处棕黑色的土地，感觉很奇怪。宋林华捡起了一块黑黑的玄武岩石头，对大家说:"这块石头说明石林地区曾被玄武岩覆盖，我们看到的这块黑土地就是玄武岩风化剥蚀后的残余。"

这一天，大家初步统计了几个景区的"象形景点"数量，在"大石林"、"小石林"、"万年灵芝"、"李子园菁"、"步哨山"风景区共有象形景点150

多个；在另一处新开辟的"乃古石林"风景区，大家又找到并命名了160多个"象形景点"。在石林可以看到"拟人化"的奇石31处，似动植物的奇石45处，与物相似的奇石37处。

石林"申遗"成功

在考察过程中，科考队还发现了一些化石，而石林风景名胜区管理局的工程师郑炳元也把自己收集的十几麻袋化石拿给科考队员看，这是他5块钱一公斤从农民手里收购的。

"你们看，这上面还有一丛丛珊瑚呢。"宋林华拿起一块很大的化石给大家讲解，"石林地区在泥盆纪（距今4亿年前）至二叠纪（距今2亿年前）期间，是一片汪洋大海，大自然雕刻出石林这样的作品，使用的材料是石灰岩，而塑造出如此广大，如此深厚的石灰岩层，只有大海才能做到。"

在乃古石林，科考队登上最高的峰巅，举目眺望石林群时，宋教授感慨地说："路南石林面积是世界石林之首，就石林的科学价值与美学价值而言，石林早就应该列入世界自然遗产名录了。"他告诉大家，为了研究"云南石林与国际上其他国家石林的比较"，他曾经去过美国、英国、土耳其、法国、西班牙、斯洛文尼亚、越南等国家考察，得出的结论是：许多国家的石林根本无法与中国的相比，有一些国家的石林虽在单方面超过中国，但综合起来看，中国的石林仍是最出色的景观。

这次考察活动结束后，宋林华教授把考察结果写成了报告，最后提交给了联合国世界遗产大会。两个月后的6月27号下午，第31届世界遗产大会在新西兰基督城最终表决，通过中国云南石林、贵州荔波、重庆武隆联合申报的"中国南方喀斯特"项目正式列入世界自然遗产名录。云南石林终于成为世界自然遗产大家庭的成员。

美轮美奂红石林

大自然中，除了云南石林这种"正宗"的石林外，还有一些怪异的石林，它们就像一株株奇葩，挺立在美丽的神州大地上。

遍体通红的山岭

2005 年夏季的一天，湖南湘西自治州古丈县的乡村公路上，一辆越野车蜿蜒盘旋，渐渐向峰峦重叠的山区驶去。车上坐的，是几个地质勘探人员。

当汽车行驶到茄通乡境内时，眼前出现的大片石林一下子吸引了专家们的目光。

"这些山岭怎么都是红色的呢？"大家把头伸出车窗，有些惊讶地说。

公路两边，一座座山岭形状独特，遍体通红；山岭上，有一些稀疏的绿色植物，它们与红色的山石搭配在一起，红绿相得益彰，景色十分美妙。

"除了茄通乡，断龙乡也是这样，这一带的山岭都是红色的。"向导介绍说。

"停车，今天咱们就在这一带考察了。"领头的王专家说。他是一个长期在野外从事地质勘探的专家，曾经考察过云南、贵州等地的石林，那些石林都以灰色、黑色为主，像这样奇异的红石林，他还是第一次看到。

走进红石林，面前的景象更让他们大开了眼界，只见遍布的红彩奇石造型各异，姿态万千，它们有的依山而立，有的拔地而起，一座座石岭古朴秀雅，气势宏伟。整个石林融红、秀、峻、奇、绝、古于一身，令人不得不发出阵阵惊叹。

红石林

"这块石头多像巨人啊！"有人叫起来。

在坪地的正中央，有一块"长"得像巨人的红石头，它头颅高昂，腹部鼓突，目视南方，神态庄严，极似一位沉思的巨人。更奇怪的是，"巨人"的腰部还有一圈印迹，仿佛紧紧系着的皮带。

"这个巨人身高 8 米多，加上下面的基座，一共有 12 米左右。"大家很快测出了巨人的身高。

越往里走，石林的造型越奇特：在几块巨石中间，有一块石头像老母鸡静卧其中，鸡头向南作啼鸣状，神似一只正在"咯咯"下蛋的母鸡；在一耕地内，有两块石头就像一对正在嬉戏的乌龟，雌龟平头，匍匐绕圈很腼腆似的奔走，雄龟则昂起头来快步追赶，雄龟的背壳上龟纹清晰，头身极为神似，蔚为奇观；乱石丛中，有一形似狗头的大石块伸出，它头朝北方上空，嘴巴大张，似有犬吠声隐约传来，实为奇观……站在高处远望，只见漫山遍野的石林红艳无比，仿佛仙境一般。

"这些红色的石林，会不会就是丹霞地貌呢？"有人说。

王专家没有说话，他拿出一把小锤，轻轻敲了敲地面的一块红石，接着又用手仔细地摸了摸石面。

"丹霞地貌的山虽然也是红色，但它们是由红色沙砾岩构成，与这里石头的结构完全不同，"王专家说，"从这些石头的硬度和质地来看，它们属于碳酸岩。"

"碳酸岩一般是灰白色的，怎么会有红色的呢?"大家都觉得有些不可理解。

"这正是咱们要弄清的问题。"王专家说。

大家继续在石林中考察起来。

"这些石头的颜色，还会随着天气的阴晴而变化哩，"走了一会儿，向导说，"现在烈日当空，咱们看到的石头都是火红色的，如果阴天来到这里，石头便变成了褐红带紫，若是大雨天来看，石头又变成了黑黢黢的一片。"

"这个不难理解，"王专家说，"碳酸岩遇到水后，往往会发生轻微的化学反应，再说一部分水浸入其中，也会使石头的红色变得不那么显眼。"

王专家说着，将手中的矿泉水朝一块石头倒了下去。水流过处，火红的石头很快变得暗淡起来。

红石林中，还有许多峡谷、溪流和清泉，以及像织毯似的草坪、古老的紫藤花等，它们与红石林一起，构成了一个秀丽精致的天然园林。

红石林形成的原因

专家们发现的这片石林，面积约 30 平方千米，是目前全球唯一在寒武纪形成的红色碳酸岩石林景区。

在考察中，大家注意到了一个重要的细节：这里的每一块红石头上，都有一层细密的皱褶，仿佛珊瑚礁一般。

"老王，这些皱褶代表什么意义呢?"有人问。

"从这些皱褶来看，这里曾经是海洋，"王专家说，"这极有可能是礁石被海浪长期冲击而形成的——其实不止是这个地方，湘西一带都曾经是汪洋大海。"

红艳如火

看着那些石头上的皱褶，大家情不自禁地产生了联想：远古时代，这里曾经是一片浩瀚的大海，海浪发出轰鸣，一波又一波地冲击着礁石。

红石林的考察结束后，王专家将采集到的红石标本带回去进行了鉴定。经过分析，专家们揭开了红石林形成的历史过程：大约4.5亿年前，红石林地区是一片汪洋大海，海洋中死去生物的骨骼，与河流带来的含有大量泥沙的碳酸盐物质一起沉积下来，在海洋底部生成了石灰岩；后来，红石林所在的地区发生了大规模的地壳运动，海底上升为陆地，原本在海底的石灰岩露出水面。在水的溶蚀下，坚硬的石灰岩逐渐变成了石芽和石柱。虽然从地壳裂缝涌出的岩浆将石灰岩盖住，但在雨水的帮助下，岩浆岩最终被风化剥蚀，被埋藏的石芽、石柱得以重见天日。

至于红石林为何呈现鲜艳的红色，王专家指出：由于岩石物质的差异，石芽、石柱有多种多样的颜色，含铁质较多的，经氧化便形成了红色；含泥质较重的，一般呈灰色、灰绿色；含碳酸盐较多的，一般呈灰白色。古丈县石林的岩石因大多含铁质较重，所以主要呈现出红色，故名红石林。同时，随着天气、温度的变化，石头的氧化程度有强有弱，所以红石林能够随着气温的变化而呈现出不同的颜色。

偶然发现的怪石林

除了红石林，在江西有一处面积达 30 多平方千米的怪石林，它是华东地区迄今为止发现的面积最大、景致最集中、景观最美丽的石林，其范围之广，景观之美，在我国石林景观中极为罕见，它被专家们形象地称为"江南喀斯特地貌博物馆"。

这是一处什么样的怪石林呢？

一次偶然的发现

这是一个科学家们偶然发现的奇迹。

2006 年的一天，一群地质专家在江西万年、乐平、弋阳三县交界的文山一带考察时，偶然听到一个当地的村民讲：山上有一大片可怕的怪石头，人少了不敢到那里去。

什么怪石头如此吓人呢？专家们觉得好奇，于是决定到那里去看看，并提出请这个村民当向导。

村民迟疑了半天，最后在专家们的好说歹说下，才同意带大家上山去。

第二天上午，专家们携带着各种科考设备，跟着这个村民向山上爬去。

"那些就是怪石头了，整座山上都是，上面还有怪洞啊什么的。"在半山腰，村民便指着山上的一大片怪石告诉大家。

"啊,多么美丽的石林啊!"领头的专家只看了一眼,便情不自禁地发出赞叹。

"是呀,没想到这么漂亮的石林,竟然藏在深闺人未识。"大家望着那一片如梦似幻的怪石,心里溢满了一种惊喜。

"什么,你们说那些石头漂亮?"村民感到大惑不解。

"是啊,这可以说是一大奇迹哩。"专家们心里直乐,加快步伐向那片怪石头爬去。

近了,怪石林就像一座梦幻中的城堡,真实而又荒诞地呈现在大家面前。这些怪石真是千奇百怪,形态万千,它们有的像动物,有的像人,有的像浮云……每一座怪石都令人浮想联翩,沉醉深叹。

"瞧啊,那座怪石像不像骏马在迎接咱们?"有专家指着一座类似骏马迎宾的怪石说。

"太像了! 我觉得边上的那块石头很像骆驼……"

大家边走边看,边看边议论,很快,又发现了诸如天马行空、吼天犬、二兽相争、猛蛇当道、神鸟、石鸡、老爷车、三星高照、蘑菇云、魔鬼石、情侣石、将军石、老人石、济公云游等形状的怪石头。连当向导的村民也忘记了害怕,和专家们一起,兴致勃勃地讨论起怪石来。

美丽的石林风光

音乐石和怪洞

"这些石头,看外表像是石灰岩。"领头专家从地上捡起一小块石头,用锤子敲了敲,又拿在放大镜下面鉴别。

"这片石林是典型的喀斯特地貌吧?"其他专家也仔细考察起石头来。

"对,应该是喀斯特。"领头专家点点头。

"叮咚",这时大家突然听到不远处传来悦耳的音乐声,像是谁在按动门铃,又像是谁在弹奏钢琴,乐声非常清脆、空灵。

人们四处张望,寻找乐声的来源。

"是这块石头发出的声音,刚才我不经意敲了它一下,没想到它的声音这么好听。"这时一个专家从石头后走了出来,挥了挥手中的锤子。

"音乐石!"大家纷纷围过去,好奇地敲打起那块怪石来。

"叮咚"、"叮咚"……悦耳的乐声不断回荡在山间,让专家们感叹不已。

"一般来说,只有空心的石头才能发出清脆的回声,我估计这块怪石的内部可能已经空了。"领头专家认真敲打一番后,对这块"音乐石"作出了分析。

一行人继续向石林深处走去。

"那边就是怪洞了。"村民指着不远处的一个洞口说,"那个洞很深,平时没人敢进去。听说有胆大的人进去过,但从没人能走到头。"

大家顺着他手指的方向看去,只见洞口黑黢黢的,不知道里面有多深。

"这可能又是一个意想不到的溶洞,进去看看吧。"专家们拿出手电,准备钻进洞里去考察。

"我不到里面去了,就在外面等你们吧。"村民连连摆手,看着专家们一个接一个钻了进去。

在手电光的照射下，古老的溶洞景观逐渐呈现在专家们的眼前。这个溶洞十分壮观，只见洞内有许许多多的石笋、石帘、石钟乳，它们造型奇特，形状各异，完全不亚于地面上的石林景观；洞内，有一条静静流淌的地下暗河，专家们估算其长度至少在 3000 米以上。另外，大家还发现了一些鲜为人知的地下生物，如没有眼睛的洞穴鱼、小磷虾等。

走了老半天，溶洞仍不见尽头。由于时间有限，专家们在溶洞内考察一番后，只得沿着原路返回地面。

"这边还有一个怪水洞，会经常涨潮喷出泉水。"走了一会儿后，村民又把大家带到了一个洞穴前。

眼前的这个窄窄的洞穴看起来毫不起眼，从洞口往里看，只能看见一些泉眼，它们一共有 20 来个，一些泉眼在往外微微喷水，而一些泉眼干脆滴水不流，仿佛正在瞑目"休息"。

"它们怎么不喷呢？"有个专家在洞口看了半天。

"听说这里每次涨潮后，一般三天之内当地就会下雨。"村民说。

"真的这样吗？这种现象太奇怪了。"专家们更渴望见到涨潮的景象了。

等了老半天，可泉眼还是没有水喷出，正当大家转身准备离开时，身后突然传来了"轰轰轰"的声音。

怪水洞涨潮了！只见 20 多个泉眼同时喷出白亮亮的泉水，形成了一道道可观的瀑布；水花四溅，如飞珠溅玉般掀起一阵阵水雾；水声轰鸣，

怪水洞

如万马奔腾般打破了山间的静寂。

"真是太壮观了！"大家将相机对准怪水洞，"咔嚓咔嚓"拍个不停。

"这水好清凉啊！"一名专家走上前去，用手捧起清水，放在鼻下嗅了嗅。水清澈透亮，而且十分清凉。

"这水应该含有多种矿物质，特别是含钙的物质。"领头专家也捧起水，细细感受那种冰凉的感觉。

怪石林成因

不知不觉，太阳渐渐向西移去。村民带着大家，又来到了另一处怪石林里。在这里，大家看到了另一种奇观：奇藤怪树。只见如海碗般粗的巨大树藤，有的像蟒蛇般盘绕在怪石上，有的像独木桥般横跨在石林间，有的像怕羞的孩子被包在石头里。

众多的奇藤怪树

"这些'石包树'和'树抱石'现象，真是难得一见呀！"

"这些古藤，恐怕生长千年了吧？"

专家们在考察怪石林时，还发现这里有独一无二的气候特征，其中最明显的是"阴阳村"：在怪石林附近有两个自然村，两村相距不远，直线相距不到 600 米,但奇怪的是,两个村落之间的温差竟达到了 5 ℃以上。常常是这个村寒冷无比,降霜如雪,而那个村却温暖如春,气候宜人——这一奇特的自然现象,更给怪石林增添了一丝神秘的色彩。

专家们在怪石林里又考察了一番,眼看天色不早了,才在村民的催促下,恋恋不舍地踏上了回去的路。

根据在怪石林采集的样本,专家们回去后经过研究,他们推测:几亿年前,怪石林所处的这一片喀斯特丘陵地带,曾经是一片汪洋大海。由于频繁的地质运动,海底沉淀的大量石灰岩抬升为陆地。随后,暴露在海平面之上的石灰岩,在雨水、阳光、二氧化碳和有机酸的风化和侵蚀作用下,逐渐形成峰丛、石林、地下河溶洞、天坑等自然奇观。亿万年的地质演变,极少受到人类活动影响的独特自然生态,造就了今日江西怪石林的绝妙自然景象。

"怪石林是一处十分独特的喀斯特地貌,由于很少受到人类活动影响,它的原生态保持得很好,很有必要进行科学开发,让它为世人所认识。"专家们还向当地政府建议。此后,经过当地政府开发,怪石林的神秘面纱被揭开,这个被誉为"华东第一石林奇观"的地方也对越来越多的人敞开了胸怀。

揭开北方石林的面纱

除了南方有石林，在北方一些地方也有石林。北方石林和南方石林有没有区别？它们是否属于同一"家族"呢？

下面，咱们跟随专家一起，去考察位于辽宁省瓦房店市东屏山的神秘石林吧。

北方石林奇观

东屏山地貌奇特，岩崖险峻，石柱成林，被誉为"北方石林"。山的最高峰海拔约 340 米，山势为南北走向，南北长 1.5 千米。俯瞰整个东屏山犹如一只朝天仰望的海龟，远观又如一个屏障，因为它位于古复州城的东面，所以叫东屏山。

2006 年 9 月 2 日上午，一支科考队向东屏山悄悄进发了。担纲此次考察任务的专家，是辽宁师范大学城市与环境学院的院长李永化教授，此外还有瓦房店市太阳街道负责人，以及《大连日报》等新闻媒体的记者。

科考队来到位于瓦房店市太阳街道榆树房村的西部、那屯村南部的东屏山脚下，放眼一看，这座山并不高，山势也不险峻，不过在山顶处却有一道奇异的景观：依山势而行，山顶长出了一排长长的石墙，看上去俨然天然屏障一般。

为科考队担任向导的，是一名叫罗连君的当地人，老罗几十年在山间穿行,对东屏山的地形可以说了如指掌。

"山顶上全都是石头吗?"有个记者问。

"走吧,咱们上去就知道了!"老罗说。

因为头天晚上下过雨,山路有些湿滑。大家小心地向上爬去,穿过一片稀稀疏疏的山林,很快,那排石墙便近在眼前了。

"大家稍稍休息一下,然后一鼓作气爬上去。"李永化教授说着,顺手捡起身边的一块石头,拿在手里仔细观摩起来。

"教授,这石头有什么好看的?"记者不解地问。

"从外观来看,这块石头不像是碳酸盐类岩,而像是石英砂岩。"李永化说,"从构成来说,东屏山的石林,与云南路南石林、广西桂林山水都有本质区别。"

"你的意思是说,东屏山的石林,不属于喀斯特地貌?"记者有些惊讶。

"这个要到山顶考察了才能最后下结论。"李永化说着,起身招呼大家出发了。

大家一鼓作气爬上了山顶。出乎意料的是,山顶上却一马平川,十分开阔,葱绿的树林与奇形怪状的红色山石错落有致,看上去令人啧啧称奇。

"这种山叫单面山,一面山势陡峭,一面平缓。"李永华向大家介绍。此时队员们才注意到,这座山确实与众不同,它不像普通山那样两面山坡基本对称,而是一面平缓,让人根本看不出山样,另一面却陡峭无比,由一根根似被斧子砍得齐刷刷的石柱组成。

队员们沿着山顶一直往前走。而老罗就像到了自家屋里似的,一边走,一边不停地向大家介绍:"你们看,这块石头像不像雄狮?那块像不像乌龟? 还有下面的这块石头,像不像唐僧打坐?"

大家顺着他指的方向看去,都不禁啧啧赞叹起来。

北方石林的真相

"这不是喀斯特地貌。"李永化仔细考察了山顶的石头后,得出了最后的结论。

"那这些石头是什么?"老罗问道,他的问话也代表了很多人。因为在大家的习惯看法中,东屏山石林就是喀斯特地貌。

"这应该是几亿年前浅海和滨海形成的地层,这些怪石应该是石英砂岩,表面的红色是风化后的铁的颜色,它们的浅灰色印记是那时海里的苔藓多年风化形成的。"李永华抚摸着石头上斑斑灰色的印记说,"你们看,经过多次的构造运动居然能保持这种水平节理,不容易呀。"

"喀斯特地貌的石林,和这里的石林有什么区别?"有个记者问道。

"喀斯特地貌又称为岩溶地貌,它的形成需要具备水和岩石两方面的条件:水必须具有溶蚀性和流动性,而岩石则必须具有可溶性和透水性,这在碳酸盐类岩中最为发育。而东屏山的'石林'是石英砂岩,石英砂岩不具有可溶性特征,仅此就可判定其并非喀斯特地貌。"李永化耐心地向大家解释。

一边走一边研究,2个多小时很快过去了。一路上大家看到了很多美景,还惊飞了几只野鸡。据老罗介绍,山里已认定的植物多达数十种,此外还有野鸡、山雀、杜鹃、画眉等10多种禽鸟。

站在山顶,大家看

北方石林

到东屏山两侧各有一条河,一条河水很少,而另一条干脆只剩下了河谷。老罗介绍说,夏天的时候,那两条河也会涨大水。

"长期下去,河流会不会对石林造成影响,使石林消失呢?"有队员提出疑问。

"不会,石英砂岩抗风化能力非常强,至少在几百万年内不会消失。"李永化回答。

"能不能把石头下面的泥土挖掉,使'石林'看起来显得更高,更美呢?"有人提出了一个设想。

"这个不太现实,"李永化说,"因为石英砂岩'石林'下层是较软的页岩,挖不了太深。"

这次考察活动,只进行了几小时就结束了,李永化采集了一些标本拿回去研究。不久,他就拿出了研究成果。

据李永化研究认定:东屏山"石林"不是人们直观推测的喀斯特地貌和丹霞地貌,而属于水平岩层构造地貌的方山地貌和次生皱褶构造地貌的单面山结合地貌。

方山地貌的特征是顶平如桌面,四周被陡崖围限,顶部为坚硬岩层,而东屏山"石林"正好符合方山地貌的特征。此外,东屏山"石林"同样存在单面山地貌特征,其具体表现为山体沿岩层走向延伸,两坡不对称,一坡陡而短,一坡缓而长。

最后,李永化还指出,这种地貌在大连地区非常罕见,东屏山"石林"特别而各异的外观形态,确实具备一定的地质观光和旅游景区开发价值。

至此,"北方石林"的神秘面纱被揭开了,原来它与南方石林有着本质的区别。

红色丹霞

你见过红艳艳的山吗？那些像丹砂般染过的山体无比眩目，站在它们面前，你不能不感叹大自然的鬼斧神工，不能不怀疑这是上帝一手绘就的杰作。行了，让咱们跟着专家一起，走进"神山"，探秘红崖脊，揭开龟峰丹霞地貌之谜，浏览神奇的"三枪"外景地吧。

发现红色"神山"

丹霞是地理学上很重要的名词。它是指红色砂岩经长期风化剥离和流水侵蚀,形成孤立的山峰和陡峭的奇岩怪石,是巨厚红色砂、砾岩层中沿垂直节理发育的各种丹霞奇峰的总称。

丹霞地貌主要分布在中国、美国西部、中欧和澳大利亚等地,但以中国分布最广。到 2008 年 1 月 31 日为止,中国已发现丹霞地貌 790 处,其中广东省韶关市东北的丹霞山以赤色丹霞为特色,由红色沙砾陆相沉积岩构成,是世界"丹霞地貌"命名地。

因为山体赤红,丹霞山过去也被当地人称为"神山"。说起"神山"的发现,还有一段故事呢。

深山里的来客

1928 年的一天,广东北部的仁化县来了一位特殊的客人,他就是我国大名鼎鼎的地质学家冯景兰。

冯景兰是河南省唐河县人。1918 年,冯景兰考取公费赴美留学,进入美国科罗拉多矿业学院学习矿山地质,毕业后又考入美国哥伦比亚大学研究院,攻读矿床学、岩石学和地文学。1923 年获得硕士学位后,冯景兰回到中国,从此毕生献身于祖国的地质教育和矿产地质勘察事业。

当时的广东北部地区十分贫困落后,人烟稀少,再加上森林茂密,老

冯景兰

虎、野猪等不时下山袭扰人们。而仁化县的地理位置更为偏僻，交通不便，很少有人愿意到那里去考察。当时也有人劝冯景兰，说到仁化县的路太难走了，而且路上可能会遇到猛兽袭击，到那里考察危险重重。不过，30岁的冯景兰正当风华正茂，而且多年的野外科学考察，使他养成了特别能吃苦的作风，他对所谓的困难向来不屑一顾。

而促使他下决心去仁化县考察的另一个重要原因，是因为他听说那里有一座"神山"，山体赤红，仿佛一团火焰在熊熊燃烧。凭多年的考察经验，冯景兰感觉这可能是一座非同一般的山，山下可能埋藏有丰富的矿藏。于是，他不顾别人的劝说，与另外两位同事一起，携带指南针、小刀、放大镜、地质包、地质锤、样品袋等考察工具出发了。

当时从广州出发，先是坐火车，后来又坐汽车，再后来没汽车可坐了，冯景兰他们就只能找马帮帮忙进山。马儿驮着考察的装备和必需的生活用品爬山，人只能依靠两条腿走路。不过，这对冯景兰来说是小菜一碟。据他的一名学生后来回忆："在野外考察时，冯老师总是大步走在前边，学生们必须紧步才能跟上。他边讲边行，行进速度既快又均匀。在行进途中遇到地质现象，他就详细讲解。同学们虽然感到劳累，但收获则是丰富的"。冯景兰也曾经对学生们说过：走不了山路就别干地质这一行。他非常注意体育锻炼，并且经常教导学生在思想上和工作上要能适应野外的各种环境。

专家迷恋上"神山"

到达仁化县城后,稍事休整,冯景兰他们便在向导的带领下,迫不及待地向那座"神山"进发了。

经过一番艰难跋涉,冯景兰他们终于到达那座传说中的"神山"前。

"太让人不可思议了!"隔着老远,冯景兰他们便看到了那令人触目惊心、荡气回肠的红色。在他们面前,铺展着一望无际、气势磅礴的红色山群。"神山"面积很大,在方圆280平方千米的土地上,分布着680多座各种各样的山群,里面有石峰、石堡、石墙、石柱、石脊、石桥……群山造型千奇百怪,如梦似幻。但更令人惊叹的是,这些山体全都是红色的。

"这是我第一看到这么漂亮的红石山。"冯景兰心潮激荡,他走近旁边的一座红色山岭,开始考察起来。

"这些红色,还分了好几种,你们看,有紫红、赤红、赭红……"冯景兰采集着不同颜色的岩石标本,并用放大镜仔细观察。

通过指南针确定方向后,冯景兰他们继续朝山里走去。

越往里走,山的颜色越鲜艳。他们爬上一块高高的山岭,只见周围的红色簇拥而来,

在阳光的照射下,仿佛整个世界都在燃烧。

"看,那条河也是红的。"有个同事指着附近的一条小河说。

果然,由于小河的河床都是由红色岩石构成的,所以整条河都显得

"血红"一片,而清澈的河水又倒映着周围的红山,更显得水中世界绚丽无比。

冯景兰走到河边,蹲下身子,捡起一块河石看了看,只见河石上长了些青苔,他用小刀轻轻刮了刮,河石立刻红得像要"滴血"了。

"这应该是咱们从未发现过的独特地貌景观。"冯景兰意识到什么,身心有一种说不出的兴奋和愉悦。

这天考察结束,要回县城时,冯景兰恋恋不舍地回头看了看。只见在夕阳的余晖映照下,山上、地上、水下,举目皆红,红得炫目,红得摄人心魄。

"丹霞夹明月,华星出云间",喜欢诗歌的冯景兰,情不自禁地咏出了三国时期诗人曹丕《芙蓉池作诗》中的两句,并且突发灵感,"我看这种独特地貌,就用'丹霞层'来命名最好了。"

"丹霞"一词的意思,是指天上的彩霞。用它来比喻眼前的红色群山,真是太恰当不过了! 两个同事不由自主地点了点头。

冯景兰他们经过多天的奔波,仔细考察了这里的地形地貌,并采集了许多岩石标本回去研究,开创了中国丹霞地貌研究的先河。

冯景兰他们考察的这个地方,就是今天仁化县的"丹霞山"。冯景兰是世界上第一个提出"丹霞"这一概念的专家,10年之后,另一位地质学家陈国达在大量考察的基础上,进一步把这类地貌命名为"丹霞地形"。这个命名至今为中外学者所沿用。

此后,又经过几代中国科学家的考察和完善,与丹霞山同类地貌的武夷山、冠豸山、龙虎山、青城山、齐云山、麦积山等,从此都有了一个共同的名字——中国丹霞!

老教授探秘红崖脊

丹霞地貌是如何形成的？为了弄清这个问题，不少专家一次次地踏上了科考之路。

2008年8月29日上午，山西原平市梁沟镇韩家沟村的一处山谷中，有两位胸挂相机、精神矍铄的老人行走在山路上。他们此行的目的，是对该村的一处红崖脊进行科学考察。

走在最前面的一位老人身着蓝布中山装，脚上穿着一双绿色解放鞋，一双有神的眼睛，一脸斑驳的皱纹，沧桑中凝着睿智。他就是82岁的"现代徐霞客"黄进教授。

"现代徐霞客"

黄进是中国丹霞地貌研究泰斗，自1989年离休后，他一直致力于丹霞地貌的研究。数十年间，他走遍大江南北、高原荒漠，在全国发现的750多处丹霞地貌中，黄进就实地考察了730多处。光是2006年，他就考察丹霞地貌70处，历时111天，行程达29000千米，从而使他荣获了"首届中国十大当代徐霞客"称号。

有一次，黄进在四川乐山考察时，偶然听说有一处丹霞地貌叫"平羌三峡"，大诗人李白有诗：峨眉山月半轮秋，影入平羌江水流；夜发清溪向三峡，思君不见下渝州。据说吟咏的就是这平羌三峡。路远，道险，不通班车,可黄进哪里顾得上这些?他当即租了一辆机动三轮车前往考察。不想丹霞尚未见到,车子却在平羌三峡上方的悬崖翻了,人被抛了出来,黄进连人带相机跌倒在地。幸好是上坡,车速不快;也幸好人抛落的位置距崖壁还有1米,否则,落入滚滚岷江,真不敢想象会是怎样的险境!可黄进呢,掸掸弄脏的衣服,摩摩擦破的皮肤,嘱咐司机慢慢修车,他一个人继续沿着简易公路前行。终于,平羌三峡丹霞地貌出现在眼前,他欣喜地拿出相机拍了起来……晚上返回乐山后,他感慨大难不死,写下一首诗为记:月照峨眉几度秋,诗仙唤我平羌游。车翻崖上人安好,笑看岷江碧水流。

尽管考察了730多处丹霞地貌,但2008年的一天,黄进从一份资料中得到消息,说山西原平市西山地区可能有丹霞地貌时,他还是按捺不住心中的激动,决定亲自前去考察。

"你都82岁了,还要到荒山野岭去?万一有个差池,怎么办?"家里人劝阻他。

"我这个身体没问题,过去的大风大浪都闯过来了,现在应该更没事。"黄进说。不过,这次他没有单独出行,而是和74岁的兰州大学资源环境学院教授陈致均取得了联系,两人相约一起去原平市考察,准备揭开红崖脊的成因之谜。

黄进在考察中

红崖脊考察记

韩家沟村的红崖脊,位于原平市与宁武县交界的地方。汽车刚一开进韩家沟西面的山谷,就见道路十分崎岖险恶,车轮在悬崖边直打转。不能再往前开了! 司机征询两位老人的意见。

"咱们下车步行吧!"黄进不假思索地说。他和陈致均教授一起,跟随向导徒步向山沟里走去。

在 20 多年的考察中,黄进大多数时间都是步行前往考察。有时候,强度极大的野外考察工作,有时也让他的身体不堪重负。1999 年在贵州省松桃县考察时,因为路况极差,车子颠簸不已,黄进在车内突然感到下腹疼痛,后来车停下来,他去厕所小便时发现自己的尿液竟是黑红色的血尿。黄进大吃一惊,只得在当地的招待所住了下来。几个小时后,尿液逐渐恢复正常,他又继续上路,按照原定的考察路线,先后去了重庆、四川等地考察。

当地的海拔有 1790 米,山沟很陡峭,里面尽是乱石和杂草。尽管已是 82 岁高龄了,但黄进老当益壮,他一边爬山,一边不断拿起相机拍摄这里的地形地貌。

"前面就是红水河了。"向导指着前方说。随着他手指的方向,大家看到山沟里出现了许多红颜色的石头。在红石头的映衬下,溪水也变得像血水一般红艳。

"看来不虚此行呀!"两位老人心里一高兴,立即显得异常兴奋起来,他们快步向红石头走了过去。

黄进连着拍了好几张照片,又捡起一块石头敲了敲,并放在放大镜下瞧了瞧,以一种肯定的语气对随行的地方陪同人员说:"正是这种红砂石,它们就是构成丹霞地貌的基本元素。不过，不止河沟里有红砂石，我估计前面肯定还有大面积的红色岩层。"

"对，一个地方的丹霞地貌不可能只有河里这一小片。"陈致均表示赞同。

在红色的河沟里一边走一边考察，两位老人忘记了自己的"高龄"，完全进入严肃认真的科考工作状态。他们不时停下来，拿起相机拍摄，或者对着某一块"钟爱"的石头琢磨上半天。夏末的太阳光仍很毒辣，汗水很快从黄进的额头上流下来，他顾不上擦，于是一些汗水又滴落在了他面前的石头上。

"黄老，休息一下吧?"陈致均征求黄进的意见。

"不用休息，马上就到山顶了，爬上去再休息吧。"黄进说。

大家一起努力往上爬，很快，高耸横亘的红崖脊被他们征服了。红崖脊的海拔高度在 2200 米以上，这里果然如黄进预测的那样，出现了大面积的红岩：只见约 1 平方千米的山体，都呈现出鲜艳的红色岩层。

赤水丹霞与大瀑布

"黄老，你在这里休息休息吧，我随向导攀到顶上去看看。"陈致均再次建议。

"好吧，那我就在这里等你们，你上去考察一下岩层的结构。"黄进确实有些累了，毕竟岁月不饶人啊。

陈致均和向导一起，继续向山顶方向爬去。在山顶前近距离观察，他发现在山体岩层底部有一道南北向的断层,断层以上为红色砂岩,以下为灰色山石。陈致均拍了几张照片,又用放大镜仔细观察了一番断层的石头,然后和向导一起走了下来。

"根据断层的结构,初步认为这是典型的三叠纪时代开始形成的丹霞地貌。"陈致均向黄进讲述自己的分析。

"看来是经过巨大的地壳运动,才使侏罗纪时代的山岩翻到了下面。"黄进点点头。

解读丹霞地貌成因

当天考察结束后,两人采集了一些标本回去。通过对标本进行分析,证实这里的丹霞就是三叠纪时代开始发育的。两位老人据此对丹霞地貌的形成原因作出了解读。

原来,在三叠纪时代,红崖脊所在的丹霞山区是一个内陆盆地,由于受造山运动影响,四周山地强烈隆起,盆地内接受了大量碎屑沉积,形成了巨厚的红色地层;后来地壳上升,红色地层逐渐受到水的侵蚀;此后,盆地又发生多次间歇上升,平均大约每万年上升 1 米,同时流水下切侵蚀,丹霞红层被切割成红色山群,也就是现在的丹霞山区。两位专家同时指出,我国各地丹霞地貌形成原因与红崖脊差不多,只不过各地丹霞的形成时间有早有迟,形成时间早的,现在已经处于"老年期",形成时间晚的,现在尚处于"青年期"或"壮年期"。而像贵州赤水丹霞,因为形成时间相对较晚,所以目前正处于"青年期"。

两位老人还对红崖脊进行了评价,他们指出:三叠纪时代距今已 2 亿多年了,其丹霞地貌在全国也不多见。正是由于它的历史太古老了,所以发育不是很好,看上去就不那么雄奇壮美了。

揭开龟峰丹霞地貌之谜

丹霞地貌不但颜色赤红，而且本身有许多神奇之处。这其中，江西的"龟峰"丹霞地貌便是一个典型代表。

江西省上饶市弋阳县信江南岸，有一处名为"龟峰"的丹霞地貌风景区，这里山峦峻峭，峰岩秀逸，朝阳似火，晚霞溢金，素有"江上龟峰天下稀"的盛誉，还有人将它称为"小庐山"。明代著名地理学家徐霞客在《徐霞客游记》中写道："盖龟峰峦嶂之奇，雁荡所无。"

龟峰有哪些奇特之处？这里的丹霞地貌又是如何形成的呢？

特立独行的老人峰

2007年7月下旬，一个由10多位著名地质地貌专家组成的科考队来到江西，准备对龟峰进行全面考察，在揭开龟峰丹霞地貌成因的同时，也为中国丹霞"申遗"做充足准备。领头的专家有4位，他们分别是：中国旅游地学与地质公园研究会副会长陈安泽教授，中国地质大学浦庆余教授，东华理工大学地球科学与测绘工程学院郭福生教授，东华理工大学姜勇彪博士。

7月22日上午，科考队携带激光测距仪、GPS卫星定位仪等先进的测量仪器，以及照相机等向龟峰进发。7月正是盛夏时节，烈日炎炎，酷暑难当，太阳光十分强烈。专家们戴上太阳镜遮挡阳光，爬了一会儿山后,汗水便湿透了衣背,特别是几个携带仪器的专家,更是汗流浃背。但大家都不顾天气炎热,大步向山上爬去。

"前面就是老人峰了,先考察这里吧。"领头的专家陈安泽教授说。

老人峰是一座山峰崩塌后残余的孤峰,它就像一个穿着古代服装的老人坐在山间,悠闲地欣赏龟峰美景。站在4个不同的位置观赏老人峰,看到的景致各不相同。

"这个地方,可以看到'老人'头部与身子连接处的洞孔。"向导向专家们介绍。果然,站在第二个位置观看"老人峰",大家看到"老人峰"头部与身子连接的地方,有三个明显的洞孔,从整个景观来看,头部与身子之间,形成了"悬而不落,斜而不坠"的奇异现象。

"如果专看'老人峰'的头部,很像一只古人烹食的鼎镬,所以又称它为'三足鼎',"向导讲解道,"但如果从整体来看,又极似一个穿着铠甲、戴着头盔的武士,因此它又被人们称为'武士峰'。"

"感觉还是叫'老人峰'更为恰当,"陈安泽教授说,"'悬而不落,斜而不坠'这一现象值得探究,大家可以动手进行考察了。"

说干就干,大家立即架起激光测距仪,并辅以GPS卫星定位仪进行测量。忙活一阵后,测量的队员大声报告结果:老人峰从脚到头顶高28米,"老人"头部高2.54米,从第二个位置观景点测量到的宽度为1.59米,体积大约73.6立方米;通过计算,得出老人峰整个"人"重2240吨,而头部重达

9.6 吨。

队员们还从"老人峰"上采集了一些岩石标本进行分析,初步估算它大约是 30 万前形成的。"根据现在的风化速度,在不出现意外的情况下,'老人'至少还有 3 万年到 5 万年的寿命。"陈安泽教授幽默地说,"只要不发生大级别地震,就不会对老人峰寿命产生影响。"

至于老人峰为什么会"悬而不落,斜而不坠",专家们围着老人峰仔细观察了半天,发现是头部的三个支撑点起到了重要的支撑作用。"三角形具有稳定性,头部'三足鼎立'的那三个足,使得头部稳稳当当地固定在了身子上,所以尽管看上去很'悬',但头部却不会掉下来。"专家们分析道。

"老人峰完全属于崩塌残余型丹霞地貌,这类地貌类型主要是崩塌作用造成的,一般来说,残余的山体、石块规模相对较小,且在后期的风化溶蚀作用下常被塑成千姿百态、栩栩如生的造型。"陈安泽最后总结,"这类地貌广泛分布在龟峰景区,但以老人峰最为突出和典型。"

百年道和回声谷

告别老人峰,大家继续前行,很快又来到了一处著名的景点——"百年道"。

"这里可是衡量身材是否标准的地方,大家千万小心,不要被卡住了哟。"向导好心地关照大家。

队员们往前看去,只见在一座名叫画壁峰的山峰下,有一块巨大的平板石块,它与画壁峰紧紧相依在一起,只在中间留下了一条长长的通道。这个通道很窄,只能容许一个人侧着身子过去。如果走的姿势不对,或者身体太肥胖的话,很可能就会被通道卡住,前进不得,而后退也不能。

"当地有一种说法:在这里走上一遭,胜似人间百年。还有的说法是:

在此走上一趟,可活到百年,所以这个景象被称为'百年道'。"向导向大家介绍景点名称的由来。

队员们又架起仪器,对石板进行测量。

"石板高约 20 米,长约 30 余米;通道最宽的地方不足 50 厘米,最窄的地方仅 20 厘米左右。"测量的队员大声报告。

"嗯,这里称得上是真正的'自然身材标准仪'。"陈安泽小心翼翼地钻进通道。他一边走,一边抬头看看上面的缝隙,或者用手摸摸身旁的石板。

"看,这里有水侵蚀的痕迹。"他指着石缝里的一处水渍说,"这条通道,应该是水长期冲刷侵蚀形成的缝隙。"

每个队员都在"百年道"里走了一个来回,经过集体讨论分析,认为"百年道"原来只是岩体中的节理缝隙,后来沿缝隙有地表水下渗,发生冲刷侵蚀下切,破碎岩块和砂石被流水冲刷掉而留下巨大空隙;同时,节理外侧的岩块由于重力作用发生滑移,并向外倾斜,从而形成这一景观。

"游人到这里穿洞而过,一般都会有一定难度,所以我们这里有'身材好不好,走走百年道'之说。"一个陪同考察的当地人笑着说。

考察过"百年道",大家又步行了 100 步左右,来到了一堵壁崖前,这里就是龟峰最神奇的景点:"四声谷"。

"你们谁在这里高喊一声试试。"向导指着崖壁说。

"让我来吧,"一个年轻队员扯开喉咙,大声吼了起来,"哦哈哈——"

吼过以后,奇怪的现象发生了:只见山谷里接二连三地传来了"哦哈哈"

的回音。回音一共有三声，出现了不可思议的"一呼三应"现象，这真是太神奇了。因为按照声音的原理来说，对着大山呐喊，回音只能有一声啊。

"哦哈哈"、"哦哈哈"，山谷里不时传来队员们的吼声和回音，大家乐此不疲地做着试验。

"这肯定和地形有关系。"陈安泽和其他几位专家把目光投向壁崖，仔细观察一番后，他们心里很快就有了底。

"教授，你们知道其中的原因了？"陪同考察的人惊讶地问。

"你们看这里的地形，"陈安泽指着周围的壁崖说，"这里的壁崖是弧形的，而'四声谷'正好位于弧形壁崖里面的一个点上，当声音发出后，在传播过程中遇到壁崖时，便会反射回来形成回声。当碰到第一个壁崖形成的回声又碰到第二个壁崖，就会形成第二次回声。连续碰到许多壁崖就能形成许多次回声。"

"是呀，当游客们在'四声谷'高喊一声，他可以先后听到四次相同的声音，即自己的一声和山谷的三次回声，"另一位专家接着说，"这就是人们发出的声音，在山谷中碰上壁崖后，不断形成回声而造成的一个自然现象，实际上，这些回声比我们听到的三声要多得多，只是好多回声我们听不到而已。"

骆驼峰七道天险

揭开"四声谷"的秘密后，科考队又经过一番跋涉，来到了龟峰最为险峻的地方——号称有七道天险的"骆驼峰"。

"'骆驼峰'是龟峰景区的最高峰，"向导介绍说，"要爬上峰顶，必须经过七道天险考验。"

"哪七道天险？"队员们问道。

"第一道天险是鲫鱼背，那里分为东西两面，两面都是悬崖峭壁，看上去和鲫鱼的背部差不多；第二是登云梯，'梯子'悬空挂在绝壁上，这是爬上骆驼峰的唯一通道；第三是'一线天'，那里空间狭小，万分险峻，一般人不敢从那里走过；第四是飓风峡，顾名思义，那里山高月小，飓风如电，经过的人都会胆战心惊；第五是'壁虎崖'，意思是没有壁虎游墙的本事，休想爬上去；第六是断魂沟，那条沟深不可测，从上面看一眼就会让人目眩神迷，难以自持；最后一险为绝胜坡，那条坡倾斜达 45 度，爬坡时双手需牢牢抓紧旁边的石壁，否则难以到达极顶。"向导一一介绍。

不过，这七险并没有难倒队员们。大家先是用激光测距仪测出了"骆驼峰"的长度和宽度：长约 1000 米，宽约 25 米，接着用 GPS 测出了海拔高度：362.6 米。测量完毕后，大家陆续向"骆驼峰"进发了。

七道天险果然名不虚传，刚刚通过了两道天险，大家就累得气喘吁吁。

"这些都属于丹霞地貌中的石墙、石梁景观，"尽管很累，专家们仍然坚持考察工作，他

骆驼峰

们向陪同人员讲解,"石墙是指岩壁陡立平整呈墙状的岩石,石梁则是指呈屋梁状对称的岩石,我们分析'骆驼峰'主要是石墙、石梁的断层、节理或裂隙,在流水的长期冲刷侵蚀、重力崩塌、风化剥蚀等综合作用下形成的。"

在"一线天",队员们还停下来,用仪器进行了测量,发现这里长约111米,宽约2至5米,深度则达到了约200米。"一线天"两侧崖壁陡立,平直幽深,光天一线,好像刀剑把山壁开出了一条大石缝。崖壁上有很多穴、坑、洞,看上去十分壮观,而两面的崖壁高立千仞,抬头仰望天空,只看到窄窄一线,让人不能不心生畏惧。

最后,队员们坚持通过了七道天险的考验,顺利完成了科考任务。

科考结束后,陈安泽代表科考队进行了总结,他认为:"龟峰丹霞地貌为地质构造运动与流水侵蚀、切割共同作用的结果,保存很完整,具有典型性,其地质很有内涵,具有很高的价值,具备了申报世界自然遗产的条件。"

神奇的"三枪"外景地

在甘肃千里河西走廊中部,有一片神奇的红色土地,这就是令世人叹为观止的张掖丹霞地貌群。

这片红色土地,一直是很多影视导演青睐的地方,它也因此成为多部电影及电视剧拍摄的外景地,其中,著名导演张艺谋的《三枪拍案惊奇》就是在这里拍摄的。

这里为何经常"触电"?它有哪些神奇的地方?

探险爱好者的旅程

2010 年 11 月的一天,在一名叫张诚的业余探险爱好者组织下,几名驴友来到张掖,准备对这里的丹霞地貌进行考察。

张诚是一名 40 岁出头的中学地理教师,敦实的个子,黝黑的肤色,他最大的爱好就是到全国各地探险、旅游。多年的地理教学和考察活动,使他积累了一定的科学考察经验。起程之前,他从网上收集了不少关于张掖丹霞地貌的资料和照片,知道张掖丹霞地貌群坐落于祁连山北麓,海拔高度在 2000 米至 3800 米之间,东西长约 40 千米,南北宽在 5 千米至 10 千米之间,面积达 300 多平方千米以上。从收集的照片看,那些悬崖山峦全部呈现出鲜艳的丹红色和红褐色,展示出"色如渥丹,灿若明霞"的奇妙风采,把祁连山雕琢得奇峰突起,峻岭横生,五彩斑斓。

来到张掖后,张诚他们向人打听到丹霞区怎么走。当地人告知,张掖的丹霞地貌分为南群和北群两大块:北群位于张掖市北侧甘州区平山湖蒙古自治乡境内的合黎山脉,那里山势低缓,主要以红白和赭红色为主色调;南群位于张掖市南侧祁连山中,以肃南裕固族自治县白银乡为中心,地势相对险峻,那里的丹霞地貌层理延绵,纹理清晰,色彩斑斓,十分美丽。

几个人商量一番后,决定到南群去考察。他们首先坐车来到了裕固族自治县白银乡。下车后,张诚向当地农民打听怎么走。

"我们是听说过有彩色山,但具体在哪里不知道。"一个中年妇女摇摇头。

"难道我们走错路了?"一个驴友疑惑地说。

"应该没有走错,再打听打听吧。"张诚取出地图比划了半天,肯定地说。

边走边问,经过多方打听,他们终于在白银乡的红山湾村找到了一位熟悉"彩色山"的人。

这是一位30多岁的农民,他愿意充当向导,并负责把大家送到山里,不过,他提出要300元的"导游"费。

在付了100元的订金后,这位农民开着他的农用三轮车,"咣当咣当"地载着大家上路了。

三轮车在坑坑洼洼的干涸河床上挣扎着前行,车身晃荡得十分厉害,坐在车上的人也跟着东摇西晃。开出不久,就有驴友晕吐了。

顺着干河床跑了4千米左右后,三轮车便不能往前开了。

"下车吧,再走几步就到了。"向导把车停下来,带着大家爬上一个十几米高的土塬,沿着土塬向南走。走着走着,奇特的丹霞地貌逐渐出现在大家眼前。只见高大陡峭的山体，像被巨手用彩笔涂抹过一般，山体上出现了红色、黄色和白色三种色调，使得像波浪一样起伏的山体充满了生机和活力。

"拍照片喽!"驴友们取出相机，"咔嚓咔嚓"拍起来。

"这里还不算什么，前面还有更好看的呢。"向导催促大家说，"要拍相片，到那里再拍吧。"

果然，又往前走了2千多米后，更为奇特的丹霞地貌群出现了。

五颜六色的大地

这是怎样的一片土地呀，只见大地五颜六色，远远望去，面前的山有红色、黄色、白色、绿蓝色……在阳光的照耀下，它们异常艳丽，仿佛是上帝不经意间遗留在甘肃这块土地上的一幅幅彩色巨作。

"真是太美了!"大家拿起相机，毫不吝惜地狂拍起来。

"走，到里面去看看。"张诚从背包里取出一把小铁铲，做了一个考察的手势。

大家走进小山群里,只见这里的岩石错落交替,岩壁色彩斑斓,形态丰富而又变幻万千。它们有的像绚丽的彩霞,有的像金色的麦垛,有的像林立的彩塔,有的像巨大的彩屏。此外,还有的似彩练、似堡垒、似殿堂、似亭阁。

"看,这些山都带着条纹,多像起伏的麦浪啊!"有个驴友情不自禁地赞叹。

"它们起伏不定,逶迤向前,我感觉更像彩色的波涛。"另一个驴友说。

大家一边欣赏,一边继续向前探索。

"这里不但山和石头是彩色的,就连山下的土也是彩色的,这种现象真是太少见了。"一个驴友说,"张老师,你知道这是什么原因吗?"

"这些土,应该是岩石风化形成的。"张诚说,"这里的海拔有 3800 米左右,而且昼夜温差大,长期干旱少雨,再加上风吹日晒雨淋,时间一长,岩石就风化成土了。"

张诚说着,用小铲在地面上挖了起来,他挖开脚下的红土、黄土和绿蓝色的土后,土壤下面 10～20 公分的地方出现了岩石。

"看,彩色土下面就是岩石,说明我的分析没错。"张诚拿起一小块岩石仔细观察,"这块石头是红色的,它表面也有些风化了。"

"我觉得这里和黄土高原差不多,地面都有一层厚厚的土,就像铺了面粉一样。"一个到过黄土高原的驴友说。

"这个和黄土高原还是有很大区别的,"张诚说,"黄土高原的土层只有土黄一种颜色,但这里至少有红、黄、绿蓝几种颜色,而且你们看,无论雨水如何冲刷,这几种颜色都不会相混。"

大家仔细一看,这才注意到地面上的土层果然是几种颜色,它们泾渭分明,各不相混。

"这又是什么原因呢?"驴友们都困惑不解。

"这个,我也不清楚。"张诚两手一摊。

大家还想继续往里走,这时向导不耐烦了:"你们不能再走了,这里就是走上一天,也走不出去。"

"行,那咱们采集点岩石标本回去吧。"张诚说着,在地面上挑选起好看又便于携带的石头来。

下午5点钟左右,一行人开始往回走。

"张老师,你知道这里的彩色山是如何形成的吗?"驴友们问张诚。

"临来之前,我在网上看了很多资料,据专家分析,许多万年前,这里曾经是一片汪洋大海,后来由于气候环境变化,地壳的上升,形成了不同元素的岩石层。在地壳运动中,山石隆起,又突然断裂、塌陷,形成背斜,从而变成了今天这种地形和山势。"张诚回答。

考察活动结束后,大家又坐着向导的三轮车沿原路返回。大家约定,以后有机会还要到这里来做进一步的考察。

峡谷奥秘

有人说,峡谷是地球的伤口。一个个幽深的峡谷,确实像一道道大地的"伤口"。这些"伤口"蕴藏着神秘,潜伏着死亡,走进其中,犹如进入了恐怖的迷宫一般。阅读本章,你就能和专家们一起勇闯鬼门关,探索生死秘境,破译"死亡谷"的秘密……

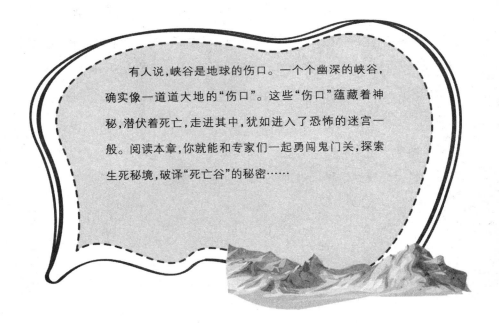

勇闯鬼门关

怪兽野人传说令人恐怖，人畜进入沟内神秘失踪，信鸽入沟迷失方向……在四川峨边彝族自治县小凉山地区，有一条与"百慕大魔鬼三角洲"、埃及金字塔等一些神秘地带几乎处于同一纬度的峡谷，它就是号称"中国百慕大"的黑竹沟。

黑竹沟内究竟隐藏着什么不为人知的秘密呢？

探险黑竹沟

2008年初夏，一支由地质、园林、生态、植物等专家和武警、公安、医护人员等组成的探险科考队来到黑竹沟，准备徒步探索这个神秘的峡谷。

黑竹沟位于四川省乐山市峨边彝族自治县境内，峨边—美姑线山18千米处的密林深处，面积约180平方千米，生态原始、物种珍稀、景观独特神奇。当地乡名：斯豁，即死亡之谷。曾被国内外舆论广泛称为"中国百慕大"的黑竹沟，由于沟内藏有不少未解开的"谜"，当地彝族和汉族乡民把黑竹沟称之为南林区的"魔鬼三角洲"。

由于这次科考具有一定的危险性，临出发前，峨边县旅游局给每位队员都买了一份保险。"真的有生命危险吗？"还没出发，一些队员心里便敲起了小鼓。

5月7日上午7时，科考队一行36人背上行囊，携带罗盘、磁力仪等

科考工具向神秘莫测的沟壑进发。为确保安全，随行的武警战士还携带了步枪等武器。

黑竹沟内云雾缭绕，飘起了像牛毛一样的毛毛细雨，能见度低得出奇，几步之内便不见人影。队员们很少说话，大家紧紧跟着向导，深一脚，浅一脚地摸索着前行。越往里走，丛林越厚密，山路越狭窄。被雨淋过的路面十分湿滑，一不小心就会滑入万丈深渊。

"大家小心脚下！跟紧点！"向导史美和沙尔一边用镰刀开路一边提醒大家。史美和沙尔都是当地的彝族汉子，他们土生土长，称得上是黑竹沟的"土人"了。

走了大约1小时后，走在前面的史美突然停了下来，原来是山体滑坡把道路阻断了！

怎么办？史美和沙尔商量后，决定与当地的村民一起开凿"新路"。他们冒着生命危险，在滑坡体上用镰刀刨出了一个个仅能放脚的小坑。队员们踩着小坑，紧紧抓住向导的手，胸贴着悬崖峭壁，脸朝里一步一步慢慢挪过去。四周很静，只听见耳边有微小风声，谁也不敢看脚下的万丈深渊……过去了，许多人双腿还在微微颤抖。

"刚才最危险的路下方，就是传说中发生多次神秘失踪事件的石门关。"通过险境后，沙尔告诉大家。

"就是这里吗？"大家再次回头看了看身后，不由长长地松了口气。那地方确实太险恶了，难怪好多人会在那里失踪，估计十有八九是掉下万丈深渊去了。

"这里应该叫鬼门关才对。"有个队员心有余悸地说。

临来之前,队员们已经从资料和当地人的讲述中,了解了黑竹沟曾经发生过的多起神秘失踪事件:解放初期胡宗南残部半个连30多人进入而不见踪影;解放军3个侦察兵从甘洛县方向进入黑竹沟仅排长一人生还;1955年6月解放军某部测绘队派出2名战士购粮,途经黑竹沟失踪,后来只发现2人的武器;1976年四川森林勘探一大队3名队员失踪于黑竹沟,发动全县群众寻找,3个月后只发现3具无肉骨架……1991年6月24日黄昏,神秘的黑竹沟突然浓云密布,林雾滚滚,大有蔽日遮天之势,川南林业局设计工程小队的7名队员和17名民工集体失踪于黑竹沟,幸喜发现早,寻找及时,这24名测绘员只在黑竹沟深谷充当了20个小时的"山老虎",历尽艰难而无一伤亡……

"这些失踪事件,很可能与道路的艰险有关,"随行的专家吴天昊说,"进入黑竹沟,如果没有很好的向导,随时都可能因迷路而摔下悬崖。"

吴天昊说着拿出相机,一连拍了好几张险境的照片。

黑竹沟的怪雾

路走到尽头后,是一望无际的原始森林。高大的云杉矗立在连绵的大山中,使整个峡谷显得神秘而幽暗。白雾弥漫在林间,像幽灵般四处游荡。山雾,是黑竹沟最大的特色,这里经常迷雾缭绕,浓云紧锁,使沟内阴气沉沉,神秘莫测。遮天蔽日的雾时近时远,时静时动,忽明忽暗,变幻无穷。史美告诉大家,黑竹沟的雾变化多端,十分怪异:清晨的时候,这里到处紫雾滚滚,而到了傍晚,则是烟雾满天;有的时候,大雾会持续数天甚至半个月以上。

"人进沟不能高声喧哗，否则惊动了山神，他就会发怒吐出青雾，把人和牲畜卷走。"史美神秘兮兮地告诉大家。他还小声念起了当地的一首顺口溜：石门关，石门关，迷雾暗沟伴保潭；猿猴至此愁攀缘，英雄难过这一关。

"黑竹沟的雾真有这么厉害吗？"有个队员轻声问道。

"山神之说当然不可信，不过人畜入沟失踪死亡，除了不慎摔下悬崖致死外，迷雾造成的失踪也占了很大部分，"一个专家解释说，"进入深山野谷的奇雾之中，若地形不熟，浓雾数天不散，方向无法辨别，是很难逃脱出死亡谷陷阱的。"

"那黑竹沟为什么会频频出现怪雾呢？"

"其实，'怪雾'不怪。黑竹沟面积约 180 多平方千米，它是四川盆地与川西高原、山地的过渡地带。境内重峦叠嶂，溪涧幽深，海拔从 1500～4288 米不等。这里古木参天，箭竹丛生，奇花怒放，异石纵横，山泉奔涌，而天气更是复杂多变，阴雨无常。由于当地降雨充沛，湿度极大，再加上海拔较高，植被茂盛，昼夜温差较大，因而黑竹沟一带常出现天空阴沉、迷雾缭绕的景象。雾一旦形成，由于当地地形闭塞，空气流动不畅，无风或微风的时间很长，因而雾长时间持续不散。在愁雾的笼罩之下，进入其间的人畜往往辨不清方向，无法走出山沟了。"吴天昊解释说。

大家在雾中摸索着前进。史美和几个向导轮番在前面左扑右砍，用镰刀砍出一条"路"让大家通过。除了浓密的灌木丛外，乱石、枯树也不时挡住人们的脚步。身边,直径厚达1米的倒伏大树随处可见,它们看起来粗壮无比,但外面好像包裹着一层东西。

"这些树其实都是伪装的,它们的表面包裹着一层厚厚的苔藓。"专家郭云成告诉大家。

"这些苔藓竟然长了这么厚!"有个随行的记者发现在一根细小的树干上,竟然包裹了一圈10多厘米厚的苔藓,出于好奇,他用力撕下一块苔藓,拿在手里仔细观看。

"形成这么厚的苔藓,至少需要几十上百年的时间,大家不能轻易破坏!"郭云成严肃地说。

记者吐了吐舌头,赶紧把手里的苔藓丢下了。

雨停后,太阳出来了,整个山谷开始变得清晰起来。大家加快脚步,在原始森林中快速穿行。

原始森林

暴风雪中与死神搏斗

在黑竹沟探险，时刻都会面临各种意想不到的危险，也会遇到一些奇怪而有趣的现象。

"生气"的美人湖

科考队在原始森林中摸索了半天，好不容易钻出了云杉林。

不过，前行的道路仍然十分艰辛，因为茂密的箭竹林又横呈在大家面前。一丛一丛的箭竹密密实实，把路面全部遮盖了起来。

大家穿行在箭竹林中，行走十分困难，特别是茂密的竹叶，让裸露在外的肌肤又痒又难受。稍不小心，还会被枯竹的尖枝刺破肌肤。

"大熊猫的粪便！"走在前面的吴天昊突然惊呼起来。

"在哪里，在哪里？"队员们赶紧跑过去。

在一处茂密的箭竹林下，躺着两块绿色的粪便，吴天昊像对待婴儿一般，小心观察着它们。

"咔嚓咔嚓"，大家拿起相机，赶紧用镜头把大熊猫的粪便记录下来。

"黑竹沟里生长着大片箭竹林，有不少大熊猫栖息于此，运气好的话，咱们很可能亲眼目睹大熊猫。"吴天昊告诉大家。

不过，一路上大家都没有看到大熊猫。越往上走，海拔高度越高，山路也越来越艰险，队员们的体力也透支得十分厉害。又艰难跋涉了很久后,大家终于在天黑前抵达了海拔 3000 多米的二号营地。

这次科学考察活动准备得十分充分,主办方根据黑竹沟的情况,不但设计了两条科考路线,而且在一些地方设立了营地。此次大家行走的,便是第一条路线。

一夜好觉。第二天一早醒来,吃过早餐后,科考队向黑竹沟的最高峰马鞍山进发。马鞍山海拔 4288 米,从二号营地出发前往马鞍山,路上要经过美人湖等地。

"美人湖是一个很有灵性的湖泊,大家到那里后不能高声喧哗,否则惊扰了湖里的神仙,天气会变坏。"在路上,向导史美告诫道。

"真有那么灵吗?"有队员不相信。

"真的很灵哩,不相信的人,到哪里大声喊叫后,神仙都生气了。"沙尔一本正经地证实。

美人湖到了! 它是如此的明媚和美丽。面对清澈湛蓝、纯净静谧的湖水,以及湖边盛开的簇簇鲜花,队员们情不自禁地大声喝彩,有人甚至捧起湖水,贪婪地喝了起来。

"湖神生气,天要变了!"史美和沙尔的脸上充满了惊恐。

果然,刚才还阳光明媚的天空突然黑云密布,转瞬之间,天上下起了倾盆大雨,将队员们一下淋成了落汤鸡。

"太神奇啦! 简直不可思议!"大家纷

纷感叹。

"这其实是一种正常的气象现象，"吴天昊解释，"因为湖面的水汽含量十分充足，经常处于饱和状态，人如果高声喧哗，就会引起空气振荡，使空气中的饱和水汽分子相互碰撞，迅速造成连锁反应，并很快聚集成雨滴下落而形成下雨、刮风等现象。"

"原来是这样啊。"队员们直点头，而史美和沙尔似乎仍不肯相信。

神秘的佛光

大家继续向马鞍山进军。马鞍山号称川西南第一峰，要登上马鞍山，必须攀越一座海拔 4200 米的山峰。经过一番艰苦的攀爬，队员们终于站在了高高的山峰上。这时阳光从身后照射过来，脚下的山林熠熠生辉。

"神仙，神仙出现了！"这时，走在前面的沙尔和史美叫了起来。他们停下脚步，一脸虔诚，口中喃喃地念着什么。

队员们仔细看去，发现阳光照射下的山林上，出现了一个彩色的光环，光环里有一个模糊的头像。

"这就是我们常说的'佛光'，它是由于云雾中的水滴空隙，使太阳光发生衍射作用而形成的，那个彩色光环中的头像，其实就是我们自己的影子。"吴天昊解释说。

走下山峰，"佛光"很快不见了。这时大家来到了一座长约 30 米，宽约半米的绝壁前。绝壁两边白雾翻卷，深不可测，再加上山风劲吹，走在上面让人心惊胆战。小心翼翼地通过绝壁，大家在一块石壁处找到了一泓细如丝线的泉水。喝了几口水后，队员们继续前进。翻过一座又一座山峰，艰难攀登 4 个小时后，科考队终于登上了主峰。

白云深处，一块约 10 平方米的巨石呈现在队员们面前，原来主峰就是这块巨大的石头,大家不禁有些哑然失笑。站在巨石上,四周一片白茫茫,什么也看不见。不过,俯下身子,倒是能看到石缝中,盛开着一朵朵不知名的耀眼小黄花。

拍了一些照片后,科考队结束了当天考察活动。

这天的考察虽然辛苦,但收获也算较为丰富。晚8点多,天气突然发生了变化,大雨在雷电的助威下倾泻而下。

"赶快避雨吧!"大家手忙脚乱,赶紧钻进帐篷躲雨。转眼之间,熊熊燃烧的篝火便被浇灭了。

暴雨持续了几个小时,惊悚的炸雷一个接着一个,仿佛要把整个峡谷掀翻,而闪电则像探照灯一般,把漆黑的山谷照得通体透明,让人毛骨悚然。

暴雨一直持续到第二天凌晨5时多才停止。正当大家稍感欣慰时,却发现天上下起了鹅毛大雪,而气温,也随之急剧下降。

"都快夏天了,怎么还会下雪?"随行的一名记者很困惑。

"因为黑竹沟山高谷深,原始森林茂密,阻隔了大气的交流速度,所以形成了这里独特的气候特征,常有一山观四季、十里不同天的气象景观出现。"吴天昊向大家解释。

与死神搏斗

很快,山谷里便铺上了一层白色,整个世界都变得晶莹剔透起来。

"不好,我们必须赶在暴雪封山前下山!"史美和沙尔没有队员们的闲情逸致,他俩十分着急。

"这就下山吗?"有队员问。

"是啊,必须现在就出发!"史美和沙尔很果断,指挥大家赶紧收拾东

雪地行走

西撤离。

路上已经堆满了积雪,猛烈的暴风雪打得人眼睛都很难睁开。史美和沙尔一边开路一边确定方位,走了一阵后,土生土长的他们也弄不清方向了。

"大家原地休息,向导要去探路和确定方向。"负责此次科考安全的峨边县县长幸福告诉大家。

沙尔临危受命,他钻进白茫茫的雪林之中,很快便从大家眼前消失了。

队员们站在雪地里,忍受着饥饿和寒冷苦苦等待。

1个小时过去了,沙尔仍没有返回。

雪越下越大,大家都有一种虚脱的感觉,同时又担心沙尔的安全。

"沙尔,沙尔,你在哪里,请回答!"县长幸福用对讲机呼叫,然而没有一点回音。

"我们去找找沙尔吧。"两个村民自告奋勇。然而,他们去找了半个小时,最后无精打采地回来了。

"这一带都没有沙尔的踪迹。"两个村民说,"不知道他走到哪里去了。"

沙尔失踪,大家心中都升起了一种不祥的预感。

"武警准备鸣枪!"经过商量,大家决定使用最后一招:鸣枪发信号。接到命令,随行的武警战士走到一空旷地,"叭叭"朝空中连开两枪。枪声过后，茫茫林海再次陷入沉寂之中。

"看来只有制定紧急预案，做最坏打算了。"科考队一边等待沙尔回来，一边紧急研究下山计划。

"沙尔回来啦！"这时，不知谁高喊一声。果然，浑身泥泞的沙尔从山上走了下来，出现在大家面前。

"我下去探路时也迷路了，于是只好拼命往山上爬，到达狐狸坪顶峰时才找到返回的路。而我的对讲机又无法正常使用，所以无法跟你们联系。"沙尔有些无奈地对大家说。

"回来就好了！"大家都感到很高兴。

经过一番研究后，科考队决定冒险下山。

经过一番艰难的历程，大家终于安全走出了黑竹沟。

第一次科学考察，科考队没有收到满意的效果，大家决定休整两天后，再次进入峡谷里探险。

再探生死秘境

2008 年 5 月 11 日,休整两天后,科考队再次向黑竹沟进发。这一次,科考队选择的是第二条路线,即一路考察熊猫埂、无底洞、伊乌大池、大小杜鹃池、挖黑罗豁等地。

失灵的罗盘

出发时的天气很好,而且沿途的风景十分美丽。只见一丛丛的杜鹃花开得十分热闹,将峡谷装点得五彩斑斓;被誉为植物活化石的珙桐成片成林,满树满树的珙桐花洁白耀眼,形状像一只只振翅欲飞的白鸽。各种花的香气四处飘溢,使得整个峡谷充满了温馨甜美的气息。

杜鹃花

一路上,高耸入云的苍松和翠柏遮住毒辣的阳光,峡谷里凉爽宜人;谷底的溪水淙淙流淌,好像一首美妙动人的乐曲。大家还不时看到纯净如少女的海子,以及如缎的飞瀑和如纱的云雾。

"黑竹沟其实是个多么迷人的地方呀!"大家拿出相机,将美丽的景致一一收进镜头。

第一天的考察,在轻松愉悦中很快过去了。

5月12日,向导史美带着大家去考察挖黑罗豁。挖黑罗豁是一座大山,队员们都想爬上它的最高峰。史美对这一带十分熟悉。他带着大家一路攀爬前行,顺利登上了一座高高的山峰。

"这就是挖黑罗豁的最高峰了。"史美说。

"我们胜利啦! 我们登上了挖黑罗豁主峰啦!"大伙兴奋不已,振臂欢呼起来。

站在峰顶极目远眺,只见群山连绵起伏,莽莽苍苍,原始森林汇聚成海,碧涛阵阵;俯瞰脚下,则见青油油的高山草甸像绿毯一般,野花点缀其间,景象美不胜收。

正当大伙陶醉在心旷神怡之中时,吴天昊却没有闲着,他拿出罗盘,准备对这里的方位进行确定。

"方位偏移了几十度,这是怎么回事呢?"吴天昊看着罗盘上的读数,感到十分奇怪。

"是呀,这和地图上标出的方位差别较大,"队员们也奇怪起来,"莫非罗盘在这里意外失灵了?"

"不可能失灵,"吴天昊沉思了一会说,"难道我们所处的位置并非挖黑罗豁的主峰? 会不会走错路了?"

大家一齐把目光看向史美。

"我们马上下山!"史美脸色微变。大家跟在他身后,默默向山下走去。

"刚才我们爬的不是主峰,我把方向弄错了。"走了大约500米后,史美才告诉大家。

土生土长的向导也会弄错方向! 队员们相互看了一眼,心里都有些

"悬"了起来。

这一次史美不敢大意,他带领大家,从另一条路登上了真正的主峰。

挖黑罗豁海拔 3000 米以上,爬上山来,大家感觉凉风夹着阵阵寒意,让人有些发抖。眼前是一望无际的草甸,非常辽阔,一山接着一山、一坡接着一坡、一坪连着一坪,无边无际。因为这里海拔高,气温较低,所以山上的草都长得不高。走在草坪上,感觉软绵绵的,有种说不出的舒服感。

"这片草甸共有 2 万多亩,是当地人放牧的好牧场。"史美告诉大家。草场上,不时可以看到悠闲寻食的马儿和牛羊。

大家测量了一下这里的海拔,采集了一些植物标本,又拍了许多照片后,挖黑罗豁主峰的科考就算结束了。

原始森林迷路

在营地休整了一晚,5 月 13 日一早,科考队从挖黑罗豁起程,准备回到沟口。大家走到大杜鹃池分路后,走了半天,不但没有看到沟口,反而进入了一片无边无际的原始森林中。

迷路了! 这时暴雨偏偏赶来凑热闹。大家在密林中穿行,裤子被荆棘划得破烂不堪,有人的裤子竟成了开裆裤。

"我不行了,不能再往前走。"这时,一个叫王景源的队员因体力透支,加上又冷又饿,虚脱倒在了地上。

"我们马上就要走出去了,再坚持一会就好。"医护人员一边为他治疗一边安慰。

"我这里还有最后一颗大白兔奶糖,快给他吃下吧。"一名队员递上了一颗沾了不少泥水的大白兔奶糖。

王景源接过奶糖,像抓住救命稻草一般,一口吞了下去。

神秘黑竹沟

"这是我一生吃过的最好吃的奶糖!"王景源恢复了力气,在两名村民的搀扶下重新站起来,继续跟着大家前进。

又经历了艰难的跋涉,晚上10点多钟,科考队终于回到了沟口。

这次考察之后,队员们休整了半个多月。6月初,他们迎来了更艰难的科考——穿越黑竹沟的罗索依达无人区,进入绝壁沟和绝壁山考察。

绝壁沟遇险

6月3日上午,科考队再次向黑竹沟进发。

"这条线路地形复杂,山陡林密,还有绝壁险滩,大家要格外小心。"进入沟口前,向导叮嘱队员们。

上午10时左右,科考队来到了一片密林前。

在向导的带领下,大家穿过迷宫一般的密林和无人区,经过几个小时的努力,终于来到了绝壁沟。

好险啊!站在沟顶往下看,只见沟壑似有万丈深,根本看不到沟底,悬崖峭壁像刀削出来的一般,湍急的水从沟顶奔腾而下,景象十分壮观。

"小心点!"村民领着大家,小心翼翼地从山脊绕过绝壁沟,下到了一条干涸的谷底。

这是一个熠熠生辉、令人眼花缭乱的世界,山谷里的景象震惊了队员们:到处都是闪闪发光的水晶、五彩斑斓的玛瑙,置身谷中,仿佛来到了一个传说中的宝库。

"这里就是传说中的玛瑙沟吧?"吴天昊有些激动。

"应该是。"大伙的眼睛都快晃花了。

沟谷里,天然玛瑙到处都是,俯拾皆是,于是有人一边行进,一边捡拾。

"哎呀!"这时前面有人惊叫起来。

原来,一名队员捡到了一块镶嵌在风化石头里的大型玛瑙,就在他为自己的收获喜不自禁时,突然脚下一滑摔倒在地上,身体快速向一处峭壁滑去。

"赶快丢掉玛瑙,抓住旁边的石头!"吴天昊大声喊。

这名队员醒悟过来,他赶紧丢下玛瑙,用尽全力抱住了一块凸起的石头,并在距离峭壁 3 米远的地方停了下来。

"真是一个宝石陷阱! 大家不要贪恋宝石,安全才是最重要的啊!"这名队员心有余悸地说。

"这里怎么会有这么多玛瑙呢?"这时有队员问道。

"玛瑙是二氧化硅的胶体凝聚物,与水晶、碧玉等一样,它们也是一种石英矿,其化学成分也是二氧化硅。"吴天昊说,"玛瑙主要产于火山岩裂隙及空洞中,也产于沉积岩层中——如此看来,这里曾经有过火山喷发,是火山熔岩造就了这些美丽的石头。"

对绝壁沟考察后,科考队又来到了绝壁山考察,在这里,大伙同样经历了惊心动魄的历险。吴天昊告诉随行记者,在黑竹沟的特克马鞍山主峰一带,发现了古冰川地貌特征。他认为:"峨眉山火山在这里形成了特殊的地质和地貌景观,峰陡沟深,黑竹沟从山脚到山顶,从山峰到沟谷到处都能见到化石和玛瑙,一条条红紫相间的彩石沟蔚为壮观。该地为高山低洼河谷类型的地貌,属第四纪高山冰川沉降带,地质年代久远,岩层种类繁多,是研究地质沉积和地层构造的理想场所。"

此次科考活动结束后,吴天昊在总结会上指出:"总的来说,黑竹沟地处峨眉山、乐山大佛世界自然和文化遗产的景观带上,也处在成昆铁路的大旅游线上,是以彝族文化为支撑,是集山陡、水幽、林茂、谷长、峡深、瀑高、雾浓、地广为特征的风景名胜区。景区规模较大,景点相对分散,是我国保存最完整、最原始、最神秘的自然景区之一,具有重要的美学、文化、科研和旅游开发价值。"

诡异的"死亡谷"

在我国青海省的昆仑山区,有一个叫那棱格勒的峡谷。峡谷内湖泊盈盈,青草茵茵,鲜花盛开,充满了美丽诱人的气息,然而,这又是一个令人谈虎色变的死亡峡谷,进入其间的人和动物无一例外都会遭到死神的威胁。当地人称它为"死亡谷"。

死亡谷内到底隐藏着什么秘密呢?

危险的暗河

1998 年夏天,一支地质科考队来到这里,准备探索"死亡谷"的秘密。

促使科考队前来的原因,是他们听说"死亡谷"内发生了不少离奇的事件:当地牧民进入山谷,不是离奇死亡,就是莫名其妙失踪,活着出来的人很少,而且据峡谷外的牧民讲,他们曾经听到过峡谷内传来猎人求救的枪声,以及挖金者绝望而悲惨的哭嚎声。

"种种迹象表明,峡谷的地下可能埋有某种矿藏。"在队长老张的带领下,地质科考队携带着各种科考工具向那棱格勒峡谷进发了。

前往那棱格勒峡谷的道路十分难走,越野车穿行在弯弯曲曲的山路上,四周一片荒凉,让队员们都有一种孤寂的感觉,不过,想到神秘的死亡谷,大家的情绪都很高。

不知走了多久,就在队员们昏昏欲睡的时候,有人激动地喊了一声:

"'死亡谷'到了!"

神秘的那棱格勒峡谷出现在人们眼前,从外面往里看,只见峡谷里湖泊众多,植被葱绿喜人;一条湍急的河流从谷中穿行而出,奔向远方。

死亡谷

"这条河名叫那棱格勒河,它发源于海拔6000多米的昆仑山。"在峡谷口,队长老张拿出地图比划着,"从地图上看,那棱格勒峡谷处于河流的中段,它西起库木库里沙漠,东到布仑台,全长有105千米,宽33千米,海拔大约在3000米到4000米之间。"

由于天色已晚,老张与队员们商量后,决定先休整一番,第二天再进谷考察。队员们在谷口扎下了大本营,美美地休息了一晚。

第二天一早,精神焕发的队员们背上地质包,开始向峡谷里前进。

天气很好,金灿灿的阳光洒在峡谷里,所有的一切都镀上了一层温馨迷人的色彩。越往里走,峡谷里的草木越丰茂,而且种类也越来越多:结满了红色、黄色果实的沙棘、矮小的胡杨林、飘逸潇洒的红柳丛……天空中,一群群不知名的小鸟不时掠过,各种各样的叫声鸣啁响起,使得谷里热闹非凡。尽管景色很美,但道路却异常艰难。地面除了动物的足迹,很难看到人走过的痕迹。队员们在荆棘、乱石和树丛中穿行,每走一步都十分小心。

很快,阳光被峡谷两边高大的山体遮住了,大片的阴影笼罩着峡谷。行走在荆棘丛生的山谷里,大家心头都有一种地狱般的感觉。

"哗哗哗哗",这时前面传来流水声。

"糟了,道路被河流截断了。"有人叫了一声。

可是走到前面一看,哪里来的河!侧耳细听,流水声来自地底下。

"这下面是暗河,大家小心了。"老张拿出尖嘴镐,用力挖了几下,只见一层浮土下面,是深不见底的暗河。

暗河若隐若现,地面似乎变得越来越松软了,有些地方脚踩上去,就好像踩在悬浮的地毯上一般,让人有一种恐慌的感觉。尽管队员们都格外小心,但意外还是发生了。

在一处青草茂密的开阔地,走在前面的一个队员十分兴奋,他刚要伸伸懒腰,突然一脚踏空,周围的泥土下陷,出现了一个黑洞,黑洞下面是冰冻的暗河。

"啊!"这个队员身体一歪,眼看就要掉入暗河中。幸亏一旁的队员眼疾手快,一把将他抓住了。

"为了确保安全,每个人都拿一根木棍探路吧。"老张从包里取出小刀,一连砍了好几根树枝,削光了递给身边的队员。

发现累累白骨

一路之上,大家发现峡谷里有不少的野生动物,一会儿看到一只狐狸跑过,一会儿又看到有雪兔在逃窜。大家甚至还看到了鹫雕和毒蛇等。鹫雕站在悬崖边的一块巨石上,两眼凶狠地看着造访的队员们,让大家心头都有些不寒而栗。

"这是什么动物的尸体呀?"这时,走在前面的队员惊叫一声。

大家走上前一看,只见地面上有一具白骨。而不远处的地方,也散落着零乱的枯骨。散发着死亡气息的骸骨,让队员们的心情骤然紧张起来。

"这应该是羊的尸骨，"老张戴上手套，走上前去翻看了一下说，"从尸骨的形状来看，它应该是非正常死亡。"

白骨

"有羊的尸骨，说明这里可能生存着大型的食肉动物。"一个队员说，"这里会有什么凶猛动物呢？"

"很可能是狼，不过也不排除有熊的可能。"老张沉思着说。

中午，队员们吃了些干粮，休息后正准备继续往里走时，这时谷口的大本营传来消息，说是接到气象台的预报：这几天当地有暴雨。因担心下雨引起河水猛涨，老张决定让队员们原路返回。

回到营地后，老张召集队员们进行了讨论。大家认为，那棱格勒峡谷内之所以植被繁茂，野生动物很多，是因为这里的特殊地形决定的：峡谷的祁曼塔格山将柴达木盆地夏季干燥而炎热的空气挡住，而河谷对面又是昆仑山，两山夹峙，形成一个水汽通道，使得从印度洋远道而来的水汽从东面穿越其中，因而峡谷里雨量充足，气候湿润，牧草生长繁茂。至于这里为何成了牧民们传说中的"死亡谷"，大家认为主要是地下暗河在作怪：人或者动物神秘失踪，估计就是掉进了暗河中，再加上峡谷里有狼和熊等食肉动物存在，因此使得这里成了令人恐惧的"死亡谷"。

但接下来发生的恐怖事件，完全颠覆了老张他们的推测："死亡谷"内，原来隐藏着更加可怕的秘密。

破译"死亡谷"的秘密

"死亡谷"内的可怕秘密到底是什么呢?

离奇死亡的牧民

连续多日的阴雨天气,让科考队不得不放弃了再次进入峡谷考察的计划。

这天,天空尚飘着丝丝细雨,队员们正在谷口考察地质情况时,一个牧民背着背包和猎枪,急匆匆地从远处跑来。

"你们看到我的马了吗?"这个牧民一脸焦急,"我是附近牧场的牧民,我的马群昨天晚上跑失了,我是一路循着足迹找来的。"

"我们今天上午一直在谷口考察,没有看到什么马啊。"队员们不由自主地把目光向峡谷里看去,但谷里云雾弥漫,什么也看不清。

"它们一定是跑进谷里去了。"牧民仔细辨认了一下地上的痕迹说,"我必须进去把它们找出来。"

"谷里还在下雨,太危险了,你不能进去。"老张赶紧劝阻。

"我也知道谷里危险,但马群是我的命根子,不找回怎么行!"牧民不听劝阻,匆匆走进谷里去了。

两天后,阴雨终于过去,天放晴了。

"可以进入峡谷了。"这天上午,老张和队员们商量后,决定再次进入峡谷考察。

经过雨水淘洗后的峡谷更加美丽,只见遍地牧草青青,鲜花盛开,俨然一副世外桃源景象。经过一番艰苦跋涉,队员们终于来到了上次到达过的地方。

"那边好像有人!"这时一个队员指着草地上的一顶帐篷说。

那是一顶花白相间的小帐篷,在绿草如茵的草地上十分显眼。

"喂,有人吗?"队员们来到帐篷前,探头往里一看,里面空空如也。

"上次咱们来到这里时并没有帐篷,很显然这是那个牧民住过的,但他到哪里去了呢?"老张心中有一种不祥的预感。

"他在这里!"这时有队员在山沟里发现了那个牧民,但他仰面朝天,脸色发黑,已经死亡很久了。

"啊!"所有人都大吃一惊,"他是怎么死的呢?"

奇怪的是,牧民的身上并没有任何伤痕,也没有遭受过袭击的任何痕迹。

大家在帐篷附近搜寻了很久,什么线索也没找到。

"看来这峡谷确实有些邪。"有个队员说。

大家向当地政府报告了牧民的死亡消息后,继续在峡谷里进行考察。

厨师遭雷击

这天中午,科考队来到了峡谷内的一块洼地上。午餐时间到了,厨师老王搭起灶,生起火开始做饭;队员们则三三两两地在营地附近转悠,欣赏峡谷里迷人的景色。

蓝天上飘荡着洁白浮云，身边河水潺潺流动，周围野花妖娆，一切显得平静而温馨。

"这里真是太美了！"队员们情不自禁地赞叹。

"轰隆隆"，话音未落，峡谷上空突然发出一道耀眼的闪电，接着响起巨大的霹雳，震得大家耳朵嗡嗡直响。很快，好端端的天气一下发生了变化：阴云低沉，狂风四起，豆大的雨滴劈头盖脸地打下来。

"危险，赶快卸下无线电天线！"老张夺过身边队友手里的无线电装置，几下把天线卸了下来。

"老王遭雷击了！"这时大家看到老王倒在地上，身上黑乎乎的，发出一股烤焦的味道。

经过一番紧急抢救，老王终于醒了过来。

"我正拿着铁勺炒菜，突然头顶上响起了轰鸣。瞬间闪电像一把利剑砍来，我手上的炒勺飞了出去，接着眼前一黑，就什么也不知道了。"回忆遭雷击的瞬间，老王眼里充满惊恐。

"好端端的天气，怎么突然一下就电闪雷鸣呢？"队员们疑惑不解。

雷雨来得快，去得也快。很快，云雾散去，峡谷又重新变得清新迷人

起来。雷雨过后，科考队展开巡视，发现峡谷深处的河边，凌乱地躺着几匹被雷电烧焦的马的尸体。

"这次雷雨过程太可怕了，看这几匹马的

惨状,就知道峡谷深处的雷电更猛烈。"老张说,"我估计那个牧民也是因为雷击遇难的。"

"队长,我已给气象台打通了电话,他们说那棱格勒河的上游和下游连一滴雨都没下,刚才的雷雨异常天气,只发生在中游的峡谷里。"有个队员报告说。

"看来峡谷里确实不正常,大家小心点。"老张叮嘱。

揭开"死亡谷"秘密

队员们越发小心谨慎。在峡谷里摸索着走了一阵后,老张无意间看了看手里的指南针,发现指南针竟然失灵了。

"不好,这里的磁场有问题。"老张停了下来,"赶紧测测这里的磁场强度吧。"

队员们从地质包里拿出磁法勘探仪器——磁秤,架设停当后观测起来。

"1000 伽马,属于强磁性!"观测人员大声报告。

"换个地方测量。"老张指示。

队员们找了一个靠近山顶的地方测量,测出的结果让大家更为吃惊。

"天啊,这里竟然有 3000 伽马,真是不可思议!"

"这里原来存在一个强磁场,导致磁场异常的原因,一般应该是地下的岩石。"老张分析,"这里的岩石估计有问题。"

"咱们再测测岩石的磁参数就知道了。"

队员们采集了一些岩石标本,并取出了一个叫"磁化率仪"的磁法勘探仪器,它是专门用来测定岩(矿)石露头、标本及土壤样品磁化率的仪器。仪器的探头是一个线圈绕制成的电感元件,测量的时候,将探头放在

"死亡谷"内有强磁场

样品之上,利用交流电桥观测探头的电感变化来测量标本磁化率的大小。

"岩石标本的磁性也很强。"测量结果很快出来了。

"这些岩石,应该是三叠纪的火山活动构成的,"老张说,"它的主要成分是强磁性的玄武岩。"

"就是这种岩石导致了局部打雷吗?"一个队员问。

"对,一般情况下,强磁场在强带电上空的对流云或雷云的影响下,会使得地表的大气电场增强,从而引起放电现象。"老张解释。

"那为什么只有中游的峡谷出现这种现象,而上游和下游却平安无事呢?"

"这和地形有关啊,你们看,中游有高大的昆仑山耸立着,潮湿的气流一到这里,就会被阻挡抬升而形成云雨,所以中游的雷雨天气比较多。"

此后十多天,科考队在峡谷里遭遇了不下 5 次雷击,亲眼看到一些动物被雷电击毙。通过考察,大家还发现了一个规律:由于峡谷里经常打雷,使得这一带的树木都无法长高,再加上降雨充沛,因此这里的牧草都长得十分茂盛。牛马等动物不明就里,经常跑到峡谷里来大快朵颐,没想到却因贪吃而成为雷击的最好目标。

通过这一次科考,"死亡谷"雷电杀人的秘密被破译了,不过,峡谷里还有哪些鲜为人知的秘密,这个目前仍没有弄清。

藏在转经筒里的秘密

在我国西藏的雅鲁藏布江下游,有一个地球上最深的峡谷,这便是世界第一大峡谷——雅鲁藏布大峡谷。

不过,这个大峡谷长期深锁幽闺人不知。直到近代,它才慢慢撩开了神秘的面纱。

英国人的诡计

1879年夏季的一天,在中国西藏和印度边界的一个口岸处,慢慢走来了两个形迹可疑的外国人。这两人是主仆关系,主人是英国人,仆人名叫基塔普,是一名锡金人。他们此行的目的,是要进入西藏进行商品交易。

"站住,等检查之后才能入关。"中国边防兵拦下了两人。

当时,印度是英国的殖民地,在占领印度后,英国人野心勃勃,一直对中国的西藏怀有不良企图,并不断派遣情报人员混入西藏,获取有关西藏的各种情报资料。中国边防兵因此加强了戒备。

驴子,商品,衣物……中国边防兵一一检查,没有发现什么可疑之处。

"转经筒和念珠也要检查。"中国边防兵军官指着英国人身后的仆人基塔普说。

"这个,就不用检查了吧?"英国人脸色微微一变,而基塔普表情也有些惊慌。

"必须检查!"边防兵军官毫不退让。英国人无奈,只好让基塔普将转经筒和念珠交了出来。

检查了半天,中国边防兵没有发现任何异样,不过,他们感到奇怪的是:这串念珠只有 100 颗,而真正西藏佛教徒用的念珠串是 108 颗。

"我们,可以过关了吗?"看到未检查出什么,英国人态度有些傲慢起来。

"可以过关了。"边防兵军官虽然觉得这两人有些可疑,但苦于没有证据,只好挥手放行。

"快把转经筒给我!"过关后,英国人迫不及待地从基塔普手中接过转经筒,他把一个机关一按,转经筒的盖子"啪"的一声打开,一只测绘用的棱镜罗盘顿时出现在眼前。

棱镜罗盘是一种带有镜子的罗盘,使用者可以同时看到远处的物体和罗盘的盘面。通过棱镜罗盘测量,就能使山川、河流等地形准确地标注在地图上。

"没想到咱们轻易就蒙混过关了。"英国人脸上的笑容绽放开来。

雅鲁藏布大峡谷

"还有这个,他们也不明白是做啥用的。"基塔普抚弄着脖子上那串只有 100 颗念珠的念珠串,有些讨好地说。

"哈哈哈哈"英国人哈哈大笑。

这串念珠,也是英国人用来数步,测量目标物距离用的一种测绘工具。

第一个考察大峡谷的外国人

进入中国境内后,主仆二人一边假装经商,一边向雅鲁藏布江下游的大峡谷前进。原来,他们是受英国的印度情报机关派遣,目的是想搞清楚雅鲁藏布下游流向等情况,为侵略战争做准备。

雅鲁藏布大峡谷神秘莫测,处处陡峭险峻,人迹罕至。英国人和他的仆人一起,跋山涉水,在峡谷内经历了很多危险。他们遭遇过毒蛇猛兽的袭击,感受过荒郊野外露宿的艰难,经历过弹尽粮绝的困窘。几个月后,英国人在进入一个深谷考察时意外失踪,基塔普便一个人承担起考察的任务。

在大峡谷闯荡了一段时间,为了生活,基塔普不得不给当地的农奴主当了奴隶。他一边"打工",一边偷偷考察大峡谷。有一次,他在峡谷考察时发现,在白马岗(即今天的西藏墨脱县)附近,雅鲁藏布江越过一个名叫森吉错加的悬崖,从约150英尺高处一泻而下,形成瀑布,瀑布下有一个大湖。在那里,基塔普看到了五彩缤纷的彩虹。"这个瀑布可以与尼亚加拉瀑布相匹敌。"他在考察日记中写道。

为了准确记录这个瀑布的位置,基塔普还拿着测链,一步一步不辞辛苦,测量从白马岗到雅鲁藏布江的距离。测链是当时英国的一种测量工具,它包含有100个相连的钢铁环,长66英尺。经过仔细测量,基塔普确认两地的距离是2测链。

基塔普在西藏流浪了4年,单独按指令完成了任务,成为第一个考察雅鲁藏布大峡谷的外国人。在他之后,又有不少外国人进入大峡谷进行考察:1913年,英国皇家地理学会会员贝利上尉,受当时英国外交大臣麦

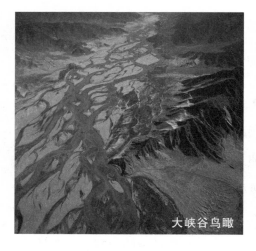

大峡谷鸟瞰

克马洪爵士派遣,从印度进入大峡谷地区窥探考察,回去后公开发表了《无护照西藏之行》的自白书,对藏东南的地理风物进行了详细描述;随后的 20 年代,英国植物学家沃德进入大峡谷地区考察,采集了大量动植物标本,发表了《藏东南考察记》等专著和文章,并绘画大峡谷地形图,拍摄黑白照片等。

我国科学家对雅鲁藏布大峡谷的考察,始于上世纪 70 年代。在此之前的 50 年代,有一些科学家在文章里关注过它,但没有一个人专门为了大峡谷而去考察。

1973 年,由中国科学院组织实施,对西部青藏高原进行了大规模的综合科学考察,雅鲁藏布大峡谷在这次考察中,徐徐撩开了神秘的面纱。当年的 9 月至 11 月,科考队从米林县进入大峡谷,沿江考察直到白马岗返回,这是中国科学家第一次进峡考察。1974 年 10 月至 1975 年 1 月,科考队从希让逆江而上,经墨脱—扎曲—通麦,对大峡谷的下半段进行了考察。两次考察获取了丰富的第一手资料,完成了对大峡谷水力资源综合考察的任务。

1998 年 10 月,在大量科考的基础上,国务院正式批准:将峡谷科学定名为雅鲁藏布大峡谷,简称大峡谷。

不过,雅鲁藏布大峡谷仍有许多谜底尚未揭开。

艰苦卓绝的大峡谷科考

21世纪,雅鲁藏布大峡谷迎来了科考的春天。1999年,中国地调局面向全国公开招标,组织对大峡谷进行科考。河南省的38名地质工作者有幸入选,他们组成科考队,于2000年3月20日向雅鲁藏布大峡谷挺进。

科考遭遇雪崩

科考队一路经过陕西、甘肃、青海,进入西藏,他们翻越了高大的昆仑山、唐古拉山,跨越了湍急的沱沱河、怒江,于4月9日来到了雅鲁藏布江畔,开始了艰苦卓绝的考察工作。

考察的困难常人难以想象。大峡谷里几乎无路可行,有的时候他们必须跨过一条条危险的水沟,有的时候必须踩着悬空架在急流上面的树干前进,有的时候必须顺着冰舌慢慢滑下……连续多天,队员们都穿着湿衣服在大峡谷冒雨前行,全靠干粮和矿泉水充饥,吃不到一口热饭热菜。他们所取得的每一个样品,所拍摄的每一张照片,都付出了巨大的艰辛甚至冒着生命危险。

5月8日,科考队副领队兼综合分队队长赵风勇,带领地质队员董海敏、杨明到雅鲁藏布江的一条支流去采集样品。峡谷里,丛林密布,荆棘遍生。由于头天晚上刚下过雪,地面十分湿滑。三个人踩着泥泞,一步三滑地在密林中摸索着前行。灼热的太阳照射下,山顶上的雪反射着强烈的阳光,晃得三人不敢抬头。

下午2时左右,他们沿着第三条支沟往上走,准备去采集另一个样品。这时,沟里的积雪越来越厚,四周也是白茫茫一片。

"这里的雪好厚啊。"赵风勇内心隐隐升起一丝不安,"咱们都要小心雪崩。"

经他一提醒,董海敏和杨明都不由担心起来。三个人商量后,决定赶紧离开谷底,沿着北侧的山坡向上爬。

标本采集地点到了,三个人拿出工具开始采集,突然听到山顶传来闷雷似的响声,紧接着,山谷里响起了轰隆隆的巨大声音。

"打雷了吗?"正埋头工作的董海敏和杨明有些惊讶。

"好像不是雷声,"赵风勇抬头一看,脸色大变,"雪崩了,快撤!"

话音未落,只见铺天盖地的雪雾已经沿沟谷汹涌而至,雪团、沙石四处纷飞,雪浪像千军万马乱冲乱撞,又仿佛是几万辆坦克同时开动,发出震耳欲聋的可怕响声。

雪崩

"快躲到大树下!"撤退已经来不及了,三人赶紧跑到一棵大树后面,紧紧抱着脑袋,心里一片空白。碎石和雪块飞溅起来,不时砸落在身上,他们感到身上隐隐作痛。

不知过了多久,响声渐渐小了,飞溅的雪雾也慢慢消失了。三人从树后探出脑袋一看,可怕的雪崩已经无影无踪,只有雪石流还在缓缓往下流淌。

"这场雪崩持续了20多分钟,好险!"董海敏和杨明心有余悸。

"是呀,如果再持续几分钟,估计大树也挡不住了。"赵风勇说,"大树一倒,咱们就无处可逃了。"

三人的身上落满了泥沙和雪粒,每个人都蓬头垢面,狼狈不堪。

差点滑下悬崖

在大峡谷工作的几个月里,科考队不但遇到了雪崩,还遭遇了山崩、滑坡、泥石流等地质灾害,但队员们毫不退缩,坚持把科考工作进行下去。

7月29日,科考队到大峡谷一个叫娘弄藏布的地方去考察,他们先找到住在谷口的洛巴人请求帮助,不料村民们听说到娘弄藏布去,马上摇头拒绝,说那个地方太危险,一不小心就会坠落山崖。科考队劝说了半天,最后才得到了他们的支持。第二天,峡谷里下起了淅淅沥沥的雨,科考队带上长刀等工具冒雨前行。雨越下越大,路越来越泥泞。大家的衣服都湿透了,走到最后,路没有了,连猎人们进山踩出的脚窝也不见了踪影。走在悬崖上,一边是深不可测的峡谷,看一眼便头晕目眩,另一边是陡峭无比的绝壁,只能勉强扶着前行。大家拽着野藤,扒着乱草,手脚并用,一点一点地往前挪动。

"啊呀……"正走着,一名叫程兴国的队员突然摔倒了,他惊叫一声,身体快速向峡谷滑去。

"快抓住他!"大家齐声高喊,但谁也不敢擅自去救。眼看程兴国就要滑下万丈悬崖,队员们焦急万分。

程兴国脸色煞白,他用手中的藤杖死死抵住崖壁。那根藤杖弯成圆状后,奇迹般没有折断,而是产生了一个很强的反弹力,并将他反弹了回来。

"太好了！程兴国得救了！"队员们齐声欢呼。

冒着大雨，队员们连续几天在峡谷里前进。为了减轻身上的负担，尽快到达娘弄藏布，大家找到一个岩坎，将帐篷、被褥和部分食品存放在下面，仅带了几块塑料布向娘弄藏布的纵深挺进。淋密雨、钻密林、趟冰水……历尽千辛万苦，科考队终于走到了娘弄藏布的源头，取到了合格的水系沉积物样品。

8月24日，天还未亮，两名科考队员和向导一起，向中印边界附近的一个取样点进发。清晨的峡谷，大雾弥漫，能见度很差，队员们只能一步步摸索着前进。沿着蜿蜒小径，大家翻过一座又一座的大山，跨过一道又一道的小峡谷。山真陡啊，在翻一座山时，队员李进喜一不小心，被一个硕大的树根绊倒了，他像一个皮球般，径直向山坡下滚去。

"小李，快抓住树枝！"同行的队员王子靖急得直跺脚。

在大峡谷内行走

慌乱之中，小李根本无法抓住什么，直到滚下10多米后，他才被灌木丛挡住。王子靖把他救起后，发现他浑身伤痕累累，已经没法再前进了。

"你们走吧，不要管我，我自己慢慢回去。"小李挂着拐杖，慢慢向大本营方向走去。

王子靖和向导继续向前走。在完成两个采样点的任务后，两人已经筋疲力尽。

下午 3 点,他们终于走到了中印边界附近的采样点。由于时间紧迫,王子靖来不及休息,赶紧查看图纸,用卫星定位仪定点,填写记录卡,并采到了这一天的最后一个样品。

大峡谷的十大特点

近 8 个月的科考工作中,科考队在人类历史上,首次对大峡谷地区进行了网格式地质调查,系统地采集了水系沉积物样品。第二年又派部分科考队员到大峡谷进行异常检查,基本查明了大峡谷地区 42 种元素及氧化物的分布和富集特征,获取了丰富的地球化学资料,编制了 42 种元素和氧化物的地球化学图件及说明书,为大峡谷地区基础地质研究、资源潜力评价以及生态环境保护提供了珍贵的基础地球化学资料。青藏高原隆升之谜和大峡谷资源之丰富的真面貌逐步展现出来。

通过科考,专家们还总结出了大峡谷的十大特点:

高:雅鲁藏布大峡谷两侧,壁立高耸的南迦巴瓦峰(海拔 7782 米)和加拉白峰(海拔 7234 米),其山峰皆为强烈上升断块,巍峨挺拔,直入云端。

壮:雅鲁藏布江硬生生切出一条笔陡的峡谷,穿越高山屏障,围绕南迦巴瓦峰做奇特的大拐弯,南泻注入印度洋,其壮丽奇特无与伦比。

深:雅鲁藏布大峡谷最深处达 6009 米,围绕南迦巴瓦峰核心河段,平均深度在 5000 米左右,为世界第一深峡谷。

润:大峡谷南段年降水量高达 4000 毫米,北段在 1500 毫米至 2000 毫米之间,整个大峡谷地区异常湿润,布满了茂密的森林,形成了世界上生物多样性最丰富的峡谷。

幽:雅鲁藏布大峡谷林木茂盛,由于地势险峻、交通不便、人烟稀少,而且许多河段根本没有人烟,加上大峡谷云遮雾罩、神秘莫测,环境特别幽静。

长:雅鲁藏布大峡谷以连续的峡谷绕过南迦巴瓦峰,长达504.9千米,比号称世界"最长"的大峡谷——科罗拉多大峡谷还长。

险:大峡谷中许多河段两岸岩石壁立,至今无人全程徒步穿越峡谷;河水平均流量达4425立方米/秒,河流流速高达16米/秒,水流湍急,至今未有人能漂流进大峡谷。

低:雅鲁藏布大峡谷最低处的巴昔卡,海拔仅有155米。

奇:雅鲁藏布大峡谷最为奇特的是,它在东喜马拉雅山脉尾闾,由东西走向突然南折,沿东喜马拉雅山脉南斜面夺路而下,注入印度洋,形成世界上最为奇特的马蹄形的大拐弯。

秀:大峡谷是山秀、水秀、树秀、草秀、云秀、雾秀、兽秀、鸟秀、蝶秀、鱼秀、人秀、村秀……

平原揭秘

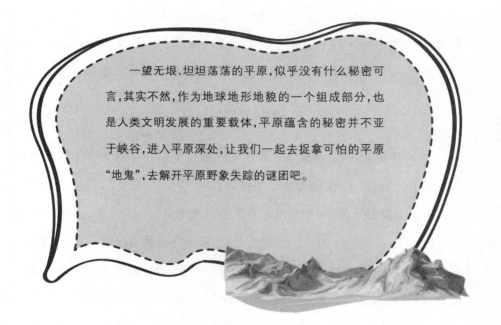

　　一望无垠、坦坦荡荡的平原,似乎没有什么秘密可言,其实不然,作为地球地形地貌的一个组成部分,也是人类文明发展的重要载体,平原蕴含的秘密并不亚于峡谷,进入平原深处,让我们一起去捉拿可怕的平原"地鬼",去解开平原野象失踪的谜团吧。

可怕的平原"地鬼"

华北平原是我国第二大平原,它西起太行山脉和豫西山地,东到黄海、渤海和山东丘陵,北起燕山山脉,西南到桐柏山和大别山,东南至苏、皖北部,与长江中下游平原相连。

近年来,华北平原屡屡出现地裂缝的事件,这是怎么回事呢?

捣乱的"地鬼"

2006 年夏天,河北省柏乡县西汪乡寨里村笼罩在一种紧张不安的氛围中,当地村民提心吊胆,惶惶不可终日。

这种紧张和不安,来源于这年夏天的两场暴雨。

6 月 27 日和 7 月 14 日,柏乡县先后下了两场暴雨。第一场暴雨之后,西汪乡寨里村的村民李琴家的房宅开始出现异常:地面上有许多细细的裂缝,这些裂缝像一条条丝线,将李家的房屋团团包围了起来。

"不好,地鬼又在地下捣乱了。"70 多岁的李琴老人惊慌起来,"这次比 10 年前的那次更可怕。"

10 年前,也就是 1996 年的夏天,当地下了一场大雨。雨停后,李琴走进自家的厨房,惊恐地发现厨房的西南角出现了一条地裂缝,她顺着裂缝一路查找,发现裂缝穿过院子,在地面上留下了一个直径约 80 多厘米、深约 1 米的大坑,随后,裂缝又变成了许多细小的裂纹,悄悄"爬"上了正房的墙壁和屋顶。

那次"地鬼"闹腾，给李家留下了惊恐不安的记忆。把裂缝填上，房屋修缮好后，10年过去了，"地鬼"再也没有出现，李家人的心也渐渐放了下来。

不料，10年过后，"地鬼"再次出现，而且闹腾得越发厉害。

7月14日，当地又下了一场暴雨。暴雨后，李家房宅上的地裂缝更加明显，看上去显得触目惊心：房屋被地裂缝包围了几圈，墙体、屋顶和地面多处开裂，有拇指粗细。裂缝还穿房过户，爬到了邻居家的墙上。

不止是李家的房宅出现了裂缝，村里还有4户人家的房屋也遭遇了

"地鬼"的侵袭，墙壁同样出现了深浅不一的裂纹。此外，村外田地里，10年前出现的一条地沟越发狰狞恐怖：以前地沟只在村西南一带"活动"，而现在它明目张胆地"穿过"玉米地、棉花地和乡间公路，大肆向西南和东北延展，并在村北的一片花生地里，制造了一个深1米，长5米的大坑。

"不得了，照这样下去，我们的村庄都保不住了。"村民们惊慌不已。

"地鬼"引发村民恐慌

在柏乡县出现地裂缝的同时，河北省境内的安平、文安、香河、衡水等县（区）也相继出现了许多大小不一的地裂缝或漏洞：在文安县大留镇北李村，村民王志英家承包的10亩田地中，出现了30多个大大小小的漏

洞，开始王志英并不知道有漏洞，有一天她去田里浇水，浇了半天，庄稼还是没有浇完，她感到十分奇怪，绕着地埂边查看，发现田里出现了一个个地洞，水从那些地洞中"咕咚咕咚"漏走了；在香河县的一个村庄，地裂发生的当晚23时，村民们正准备睡觉时，忽然听到地底下传来"哽哽"的奇怪响声，像人在打嗝，又像是什么东西敲击发出的闷响。"不好，可能要地震了！"一些村民以为要发生地震，连衣服都来不及穿，赶紧跑到了院子里，但奇怪的是，大家并没发现房屋震动，只看到水泥地面出现了一条条裂缝……

地裂缝的出现，扰乱了村民们的正常生活。在柏乡县寨里村，人们夜里躺在开裂的屋子中经常失眠，因为老是担心房子会塌下来；一些村民不敢一个人到田里浇水，因为害怕"地鬼"突然出现；小孩们看到裂缝，就会躲得远远的；而"河北要发生大地震"的谣言也不胫而走，更引起了村民们的恐慌和不安。

地裂缝是怎么一回事呢？难道它真是大地震的前兆吗？

接到村民们反映的情况后，河北省、市、县的相关专家很快赶赴现场，展开了一场声势浩大的调查行动。

"地鬼"与大地震无关

地裂缝与地震之间,到底有没有直接关系呢?

地震专家的调查

最先接到群众情况反映的,是地震局。

"喂,是地震局吗?我们县的赵庄村前两天下雨出现裂缝,群众怀疑是地震前兆,现在我们这里人心惶惶,请你们派专家下来调查。"这天下午,河北省邢台市地震局的工作人员正准备下班时,突然一阵急促的电话铃声响起。

电话是柏乡县打来的,里面的人说话语气显得很急迫。

接到电话后,地震局领导高度重视。因为就在不久前,与柏乡邻近的隆尧县发生过一次里氏 2.9 级地震,因此群众的担心并不是毫无根据。而且 1966 年,邢台曾经发生过多次大地震,惨烈的地震灾难,给人们留下了挥之不去的厚重阴影。

"请监测预报科派人下去考察,务必要弄清原因,给群众一个交代!"当天晚上,地震局领导便迅速作出安排。

第二天一早,地震专家们携带 GPS 仪、罗盘、皮尺、地质图、邢台地图册、摄像机、照相机等工具,起程前往柏乡县考察地裂缝。

两个多小时后,专家们来到了柏乡县寨里村。他们首先来到房屋出现较严重裂缝的李琴家中察看。

"老人家,裂缝是这次暴雨后才出现的吗?"一个叫李伟的专家用皮尺测量了一下裂缝的长度问。

"也不是,10年前就出现过了。"李琴回答。

"10年前就有了?"李伟有些惊讶。

"是啊,只是那次没有这次凶,"李琴说,"你可要帮我家反映反映情况呀,这房子没法住了。"

"老人家,您多保重吧,下暴雨的时候特别要注意。"李伟赶紧安慰老人。

从李琴老人家里考察出来,李伟他们又直奔村北的那条地沟。

村北的庄稼地里,蓬勃生长的玉米苗已经长到快1米高了,它们宽大的绿色叶面在夏日的风中不停摇曳。然而,在这片茂密的庄稼地上,却有一条裂缝从中间穿过,让人触目惊心。

听说市里的专家下来考察,整个寨里村都轰动了,大家伙都想来看个究竟。很快,地沟边便围满了男男女女,老老少少。

专家们有的拍照,有的查看裂缝,有的做记录,忙得不可开交。

大家先用皮尺大体测量了一下地裂缝的长度和宽度,为了测量更准确,于是拿出了GPS全球卫星定位仪进一步测量。

"GPS显示:地裂缝北端经纬度为北纬37°28′14″、东经114°40′52″,向西南35°方向延伸。进入玉米地延伸30米后,转为45°,"李伟大声向记录员报告测量结果,"裂缝最宽处70厘米,可见深度1.2米,该地裂缝继续穿过棉花地、玉米地,直到村边,全长约150米。"

这条地裂缝测量、考察结束后,村主任又带着李伟他们,来到了村南。

村南的这条裂缝更加令人担忧。经过测量,它的可见深度达1.5米,长度约8千米左右。这条裂缝一路穿过田地和乡间小道,并且与村北的裂缝处在一条延长线上。

"从两条裂缝的情况来看，它应该是从村子里穿过了，是属于同一条裂缝。"李伟说。

地裂缝与地震无关

在细致的考察中，专家们发现了一个重要现象：村南村北的裂缝都有一个明显特征，那就是裂缝两壁参差不齐，地裂缝没有水平扭动与垂直位移，这显然与地震没有关系。还有就是李琴家院里的裂缝，也不可能是地震所致，因为如果是地球内部原因，地裂缝会由地下向地上扩展，其威力将十分巨大，这种地裂缝如果穿过居民院落，绝对不止是现在这样造成墙壁沿墙砖形成裂缝，而是直接将砖体折断。

"这是一种纯属于张裂的现象，应该是强降水入侵造成的。"专家们根据这个现象得出结论：大雨造成表层土软化，有些表层土还随雨水流入下面的裂缝中，这都会使得原已在地下的裂缝得以显露出来，这就是地裂缝出现的真实原因。

在考察中，李伟他们还向村民们了解到，早自1984年开始，一到雨季，这一带就几乎每年都会出现地裂缝现象，而且地裂缝出现的范围并不仅限于寨里村，如附近的西汪乡、王家庄乡等地也出现过裂缝。

考察结束后，李伟他们还对各地的地下水位、水温、地电、地磁等参数进行了严格观测，结果没有发现异常，因此得出了结论：此次柏乡县及各地发生的地裂缝与地震无关。

听说与地震无关，各地群众纷纷长出了一口气，不过，大家心里的谜团仍然没有解开：究竟是什么原因造成地裂缝的呢？

地下水缺失惹的祸

出现地裂缝的区域都处于华北平原上，这里是典型的冲积平原，由厚厚的泥沙冲积而成，与喀斯特地貌完全不沾边，这些地裂缝从何而来呢？

村民的述说

在排除了地震前兆因素后，为了彻底弄清地裂缝的原因，邢台市地震局的工作人员还多次到出现地裂缝的现场进行科学考察，这其中，地震局原监测预报科科长、高级工程师袁小沼起了很大作用。

袁小沼有从事地质工作30多年的经验，1999年，他曾带队到与柏乡县一个叫小里村的地方调查过地裂缝，当时的那条地裂缝不太大，经过调研，排除了是地震前兆的可能性。不过正是通过那次调查，袁小沼对地裂缝有了独到的研究。他认为，地裂缝的形成大致可以分为两大类：一类是受地球内部作用力，如火山、地震以及地壳蠕动等地壳运动而形成；另一类是受外部作用力，如洪水、山体滑坡、泥石流、风力等作用而形成。

"除了上世纪90年代邢台县东南出现的一条地裂缝，可能是地球内部原因形成的外，在整个晋冀鲁豫地震联防区，由地球内部作用力造成的地裂缝几乎没有。"袁小沼说。在动身到柏乡县寨里村考察之前，袁小沼便推测地裂缝不应该是地震原因造成的。

考察的结果证明了袁小沼的判断是正确的，不过，真正的原因又是什么呢？袁小沼也陷入了苦苦的思索之中。

有一天，袁小沼和同事又到出现裂缝的村里考察。在路边，他们看到一个村民正准备抽水浇地，只见他抱起一大圈水管，慢慢向机井里延伸，伸了老半天，水管似乎还没触到井水。

"你这水管有多少米？"袁小沼问村民。

"差不多有 170 米吧。"村民回答，"水井的水位太低了，没办法。"

"你们村的井水水位怎么这么低啊！"袁小沼有些惊讶。其实，整个华北平原地下水位越来越低的事实他早已清楚，不过，这里的井水水位如此之低，还是有些出乎他的意料。

"这几年村里的用水太紧张了，光是我们村周围就有七八家造纸厂，每个造纸厂都有水井，井深都在 160 米至 170 米之间，"村民有些气愤地说，"他们没日没夜地抽水，那得用多少水啊！他们把水抽光，我们的水井水位自然也降低了。"

地裂缝莫非是地下水位降低形成的？袁小沼心里一动。告别村民后，他立即到当地有关部门去了解情况。

"根据我们观测，麦收后一个月内，当地农田用水达到高峰，农民抽取地下水浇地，往往会使水井水位下降 15 米以上。"当地有关部门的工作人员告诉袁小沼。

考察回来后，袁小沼又查阅了大量资料，发现长期以来，包括邢台、石家庄、保定、沧州一直到廊坊，都存在大量的地下水超采现象，更严重的是，沧州、衡水、廊坊、邢台等地因浅

层的地下水不足,早就在大量开采深层地下水了。

地下水位下降惹的祸

为了弄清地下水超采和地裂缝的关系,袁小沼找来一张邢台市地形图进行分析,他发现:出现地裂缝的西汪乡、王家庄乡一带,属于河北平原的西部边缘地区,地面的坡度较一般平原区要大,地势呈现西南高、东北低,而地下水的流向与地势往往一致,所以西汪乡一带的地下水位更低,大雨过后更容易形成地裂缝。

是农业灌溉和工业生产超量开采地下水,致使地下水位连年下降,从而导致了地裂缝的出现。袁小沼很快得出结论,并向媒体记者通报了研究成果。

袁小沼的分析得到了相关专家的肯定和支持。

河北省水文水资源勘测局高级工程师刘刻岩指出,作为京津主要供水区的京津以南平原区,从 1976 年至今,30 年共超采 1200 多亿立方米,相当于 200 个白洋淀蓄水量,持续超采,带来了包括地裂在内的一系列地质灾害。而河北省国土资源厅地质环境处副处长魏风华指出:"地表土层失水以后,就像面包失水、池塘枯竭一样,会出现开裂现象。"他解释,今年夏天暴雨后许多地方之所以几乎同时出现地裂缝,原因在于,今年干旱的华北平原 6 月至 7 月突降大雨,大量雨水渗入地下,沿着裂隙流动,对"干面包"形成冲刷,使得裂隙加宽上延,很多小地裂会合,形成大缝隙后袒露于表面,从而出现地裂缝。

罪魁祸首找到了,那么,是什么原因造成华北平原用水紧张、导致地下水过度超采的呢?

平原水资源短缺之因

华北平原水资源"短缺"的事实,引起了全国上下的关注。

2006 年 8 月,中国科学院院士、时任中国气象局局长的秦大河来到素有"华北明珠"之称的白洋淀考察。白洋淀位于北京、天津、石家庄三地之间,是华北地区最大的淡水湖泊,它也是华北平原仅存的为数不多的生态湿地之一,被人们称为"华北之肾"。

失水的白洋淀

在此次考察之前,关于华北平原水资源短缺的原因已引起了专家们的争论,大家一致的看法是:人口的膨胀和工业、农业的快速发展,是造成淡水需求量大幅度增长的主要原因。在过去 50 多年中,华北平原大量开采地下水,因超采造成的浅层地下水漏斗超过 2 万平方千米,深层地下水漏斗 7 万平方千米,已经成为世界上最大的地下水漏斗。不过,也有专家认为:自然来水量的持续减少是华北平原缺水的主要原因,如上世纪 50年代,河北的地表水每年有 300 多亿立方米,而如今只有 50 多亿立方米。

但秦大河却有不同的看法,他从气象的角度分析,认为华北平原水资源短缺,气候变化是一个重要原因。

在白洋淀,秦大河院士看到昔日水波荡漾、渔歌唱晚的湖面已经大大萎缩,有些原本可以行船的地方,湖水已经退去,露出了被阳光烤得干裂

失水的白洋淀

的湖底。

"老人家,你怎么不去打鱼呢?"看到一个老渔民无聊地坐在湖边,秦大河走上前去问。

"湖里的鱼越来越少了,不好打!"老渔民说。

"鱼为何少了?"

"湖的面积缩小,水质也变差了,所以鱼也少了。"老渔民解释。

"白洋淀十方院水位再次降到了 6.5 米以下,又一次进入干淀期,尽管经过国家'引黄济淀'紧急调水,但白洋淀蓄水量至今仅剩 3000 多万立方米,自今年 6 月份以来始终处于干淀状态。"陪同考察的工作人员介绍。

气候变化是帮凶

考察结束后,秦大河到河北省气象局查询气象观测资料,他发现:白洋淀流域多年的平均温度为 12.4 ℃,但温度在逐年升高,近 40 多年来平均升高了 1.1 ℃,而且从上世纪 90 年代开始增温幅度加大。另一方面,降水在逐年减少,而最近 6 年是 40 多年来减少最多的时期,根据 1951 年至 2005 年的气象统计数据显示,河北省年降水量平均减少了 120 毫米,这意味着在河北省 18.7 万平方千米土地上,减少了相当于 225 亿立方米的降水资源。

"这些数据已经说得很清楚了,造成白洋淀乃至整个华北平原水资源短缺的原因,就在于气候变化导致的气温升高和降水减少。"秦大河得出结论。他还指出,陆地淡水资源由大气水、地表水和地下水三个部分组成。降雨和降雪合称大气降水,是大气中的水汽向地表输送的主要方式和途径,它也是地表水和地下水的最终补给来源,如果大气水一旦发生变化而减水,地表水和地下水也会相应跟着减少。而对河北省来说,在地下水减少的同时,由于用水量增加,上世纪 80 年代以来,全省地下水还累计超采超过了 1200 多亿立方米,这样便造成了地下水位持续下降,因而各地出现了可怕的地裂缝。

那么,大气降水减少的原因又是什么呢? 对此,国家气候中心一名叫任国玉的博士给出了解释。

任国玉介绍,造成华北地区降水减少的自然原因,主要是青藏高原积雪增加,它使大陆气温偏低,减小了海陆之间的温差。夏季,华北地区的两大降水源为我国南海和印度洋的孟加拉湾,西南季风从海面把水汽输送过来。一般来说,夏季海上气温低、气压高,陆地气温高、气压低,风带着水汽从高压区流向低压区,也就是说从海上吹向陆地。如果温差减小,夏季风就变弱了,输送的水汽可能达不到华北地区,它在长江流域就与冷空气交汇,变成降水落了下去。

任国玉同时也指出,造成降水量变化的原因非常复杂,每个区域都有自己的特殊原因,除了季风变化等自然原因之外,人类活动对气候变化也有影响,比如温室气体排放、污染物排放、土地利用的改变等,都可能对降水产生影响。

神秘的象牙堆

成都平原又名川西平原,四川话称为"川西坝"。它是由发源于川西北高原的岷江、沱江及其支流等 8 个冲积扇重叠连缀而成的冲积扇平原,面积约 7000 平方千米。整个平原地表松散,沉积物巨厚,第四纪沉积物之上覆有粉砂和黏土。平原地形较倾斜,易灌易排,气候温和,土质肥沃,历来是人口稠密的重要农业区,通常所说的"天府之国",主要是指成都平原地区。

成都平原上有什么样的秘密呢?

地下挖出象牙堆

2001 年 2 月的一天,成都西郊苏坡乡金沙村的一处建筑工地上,几台大型挖掘机正不知疲倦地挖掘着泥土。按照规划,这个地方不久后将矗立起一座现代化的摩天大楼。

"看,那是什么?"眼尖的工人突然发现泥土中有一根长长的白色骨头。

"赶快停工!"大家停下工作,小心地把长骨头从泥土中挖出来,仔细一看,原来是一根象牙!

地底下怎么会埋着象牙? 工人们十分好奇。随着挖掘的深入,象牙越来越多。工人们感到有些害怕,于是赶紧向有关方面报告。

第二天，一支专业的科学考古队进入施工现场，开始了大规模的挖掘工作。

由于在地下掩埋的时间太久了，象牙的颜色发灰发暗，而且变得容易

碎裂和风化，考古专家们采取一种叫"探方"的科考方法，一点一点地从地底下把象牙挖出来。所谓"探方"，是考古中常用的一种挖掘方法，即在地面上按照一定规格划出方格，然后竖直向下分层挖掘，正方形者称为"探方"，长方形者称为"探沟"。

按照这种方法，考古人员在工地上挖出了多达千余件的珍贵文物，其中包括象牙器40余件，象牙更是不计其数，初步估计其重量可达2至3吨，最大的一个象牙坑内，虽然由于机械施工破坏，原坑的形状已不清楚，但从残存的坑部情况看，坑内的器物分层叠放，其上层全部堆积象牙，从断面观察，象牙多达8层，场面非常壮观。每一层的每一根象牙，长度都超过了1米，而最长的一根象牙长度达到了1.85米。今天云南等地区生存的亚洲象，最长的象牙只有1米左右，一般的更是只有70厘米左右。两相比较，可以想象当时的大象是多么庞大。

除了象牙外，这个地方还挖出了大量的陶器——举世震惊的金沙遗址在地下沉睡了几千年之后，就这样被挖掘出来了。

那么，这些象牙为何被埋在这里？它们会不会是从东南亚一带运来的呢？

野象失踪之谜

通过考古分析,专家确定这个位于成都平原东南的遗址,距今已有3000多年。在对遗址进一步挖掘后,又相继出土了玉器、神鸟、金器、石器,以及祭祀场所、墓地等。综合分析,专家们推测这个占地10余万平方米的地方可能属于祭祀遗迹,洁白的象牙,是当时一种最佳的祭祀品。而象牙,就来自于成都平原地区。

专家们从象牙和其他文物存在的时间推测,认为金沙古蜀王国所在的成都平原,在3000年前曾是野象、犀牛等典型热带动物的乐园。那时,成都平原可不像今天这样种满了庄稼,而是一个一望无垠的大草原。辽阔的草原上,茂密繁盛的青草和随处可见的森林,为野象提供了丰富的食物。它们在这块乐土上优哉游哉地生活,幸福地生儿育女。如图是3000年前的成都平原复原图。

但3000年后的今天,野象却集体失踪了。按理说,无忧无虑,生活在"蜜罐"中的野象们,族群应该会越来越大,数量会越来越多,可事实恰恰相反,3000年后的今天,野象不但没有发展壮大,反而全都不见了踪影,它们就像一群匆匆过客,从成都平原彻底消失了。

野象失踪之谜引起了人们的极大兴趣,金沙遗址发现后不久,专家们便围绕这一话题展开了大讨论。

根据金沙遗址挖掘出的大量象牙,有人推

测野象是被人类毁灭的。因为仅仅金沙遗址挖出的象牙便达数吨之多，以此推断，整个成都平原不知道有多少野象墓冢。事实上，在与金沙遗址相距不到 100 千米的广汉三星堆遗址，也曾经发现过大量的象牙。

人们猎杀野象的原因有几种，一是作为祭祀品，当时的金沙古蜀王国，人们都喜欢用洁白的象牙来祭祀祖先或神灵，这导致人类滥捕滥杀野象，以获得珍贵的象牙。二是人与象争夺栖息地，随着时间的推移，人类的活动范围越来越大，为了争夺成都平原的大片土地，人与野象的战争不可避免地发生了。此外，还有一种说法是：因为大象身材高大，力大无穷，人们骑在大象背上作战，往往令敌人闻风丧胆，所以人们争相将捕获到的野象进行驯化，并将其投入战争中，这导致许多野象成为战争的牺牲品。

不过，这些说法都不可信，因为当时人类还处于冷兵器时代，光凭刀剑不可能将野象完全消灭。

排除了人为的因素，有人又提出了瘟疫之说。在人类或动物的王国里，瘟疫都是十分可怕的杀手。特别是对喜欢群居的动物来说，当瘟疫袭来时，群体间相互传染，往往一传十、十传百、百传千……因为野象是喜欢群居的动物，平时总喜欢三五成群地扎堆生活，于是有人推测：在大约 1000 多年前，一场针对野象的大瘟疫在象群中流传开来，无数野象被夺去生命，为了逃避瘟疫，活着的野象不得不逐渐退出成都平原，迁到其他地方生活。

但瘟疫之说也不能令人信服。因为在今天的非洲大草原上，虽然时时有瘟疫威胁，但野象们仍生活得十分幸福。

揭开野象失踪之谜

野象为何神秘消失？它们又去了哪里呢？

乌木见证当时气候

为揭开野象失踪之谜，专家们在成都平原进行了一次又一次科考。

金沙遗址挖掘出来后，人们很快又在遗址附近发现了一条古河道。河道已经干涸，河床里满是泥沙。

专家们小心翼翼地挖着泥沙，突然，一个黑色的东西露出了冰山一角。挖去周围的泥沙，这个庞然大物完全呈现在大家面前，原来这是一块巨大的乌木。

继续挖下去，河道里又挖出了大量的乌木，在河道附近，还挖出了体量巨大的古树根遗迹。

"这么多乌木和树根的出土，充分证明了远古时代的成都平原有着茂密高大的森林和良好的生态环境，这种温暖湿润、动植物茂盛的自然环境非常适合野生大象生存。"一个姓李的专家说。

紧接着，他们又在古河道的沙砾层里发现了一些破碎的陶片和树干。

"这些破碎的陶片和树干，说明这里曾经发生过大洪水！"专家们的思路逐渐清晰起来，"难道金沙古蜀国就是被洪水毁灭的吗？"

经过考证，专家们得出成都平原当时的年降雨量为 993.3～1113.3

毫米，跟现在大体一致，但略为偏多。降雨量同样分布很不均匀，最小月降雨量只有 6.9 毫米，最大月降雨量却高达 268.1 毫米，是其 40 多倍。

流经成都平原的岷江

"当时降雨很频繁，空气湿润，由于都江堰水利工程还没有开建，岷江就像没被驯服的野马，盛夏一旦下暴雨，洪水就奔流而下，直接威胁金沙古蜀国，从而给成都平原带来灾难。"李专家分析，"一个王国的毁灭，不外乎战争、自然灾害和疾病瘟疫等原因，或是这几种原因的叠加，金沙古蜀国很有可能因自然灾害灭亡，洪水就是最可能的自然灾害。"

按照他的分析，古蜀国是这样被毁灭的：一场千年不遇的特大暴雨席卷成都平原及岷江上游地区，引发了惊心动魄的大洪水。大洪水在毁灭古国的同时，也将野象们全部淹死、掩埋了。

除了暴雨之说，有人还提出了地震灾难说，因为成都平原向青藏高原过渡的山地，自古以来便是地震频发地区，据此可以推测：数千年前岷江河谷一带发生了一场特大地震，直接导致许多生活在山林中的野象丧生，同时，地震还造成山体滑坡，阻断岷江形成了巨大的堰塞湖。湖水在积累到足够多时突然崩坝，惊天动地的洪水直接冲向下游，在冲毁金沙古国的同时，也将野象们彻底毁灭。

不过，无论是暴雨说还是地震说，都缺乏足够的说服力。

野象失踪真相

到底是什么原因导致成都平原野象失踪的呢？

一天，专家们在金沙遗址考察时，挖开地下的泥土，意外地发现了一些细小的、黑乎乎的东西。经过鉴定，原来它们是几千年前的植物留下的花粉和种子。

植物的生长，都是在一定的气候条件下才能进行，特别是开花和结种，对温度、湿度的要求很高。得到这些花粉和种子后，专家们十分高兴，他们通过对这些花粉和种子的研究，再结合乌木及巨大树根等情况分析，推测出了距今3000年前的成都平原古气候。

那时，成都平原的平均气温在17.7℃至19.8℃之间，比现在偏高约3℃。当时成都平原的气候，与现在川南及云南一带十分相似。而且夏天气温比较高，最热的月份平均气温可达28.6℃。气温高，而降水也比现在更为频繁。现在的成都平原比较湿润，降水也算比较多了，但那时的降水更多，空气更加湿润，而且因为处于四川盆地内，平原上的风力一般都较弱——这种高温、高湿、多雨、静风的天气，与现在西双版纳和东南亚的气候十分相似，可以说这种气候正是亚洲野象最适宜的栖息气候。

"后来，由于成都平原气候发生变化，不再适宜野象生存，它们不得不举家南迁。"专家们进一步分析。

今天的成都平原

那么，成都平原的气候是从什么时候开始变化的呢？

专家研究认为，成都平原的气候从西汉便开始发生变化了，到东汉末期，年平均气温已下降到和现在十分接近。随着气温下降，降雨也相应减少，高温高湿气候逐渐退化，使得野象生存十分艰难；再加上都江堰修建起来后，人们在成都平原毁林开荒，开垦了大量农田，没有丰富的青草和树叶供应，野象的领地被迫一再向南方退却。

气候变化之说，可以说揭开了成都平原野象失踪之谜，不过，成都平原的气候为何会发生显著变化，以后这种变化还会不会持续，这些谜底期待着人们去进一步揭开。

盆地探奇

　　中国四大盆地气候和风土不一，它们内在的秘密也各不相同。你知道吐鲁番盆地的沙堆为什么能烤熟鸡蛋？柴达木盆地为何有无穷无尽的食盐？还有，四川盆地为什么有那么多的雨？跟着专家，走进本章，你就能领略到盆地万千气象和多姿多彩的风情。

沙窝里蒸熟鸡蛋

吐鲁番盆地是我国天山东部的一个山间盆地,在维吾尔语中,"吐鲁番"是"低地"的意思。在吐鲁番盆地,有些地方比海平面还低,特别是位于"盆底"的艾丁湖湖面低于海平面154米,在已干涸的湖盆中,个别洼地甚至低于海平面161米,是仅次于约旦死海(-392米)的世界第二低地。

这个"低地"里,隐藏着哪些不为人知的秘密呢?

寻找盆地"热极"

2008年7月,一支科学考察队走进了我国海拔最低的地方——吐鲁番盆地。

"吐鲁番盆地不但是全国地势最低的地方,也是夏季气温最高的地方。"走在科考队前面的,是一位名叫林之光的气象专家,他也是此次吐鲁番盆地"科考"的发起人。

吐鲁番盆地历来便有"火州"之称,1975年7月13日,吐鲁番民航机场曾观测到49.6 ℃的极端高温,为当时全国最高实测气温。不过,这一实测温度,只是当地民航部门的自测温度,并非气象部门的专业测量结果。

作为一名多年研究气象的专家,林之光迫切想知道:吐鲁番盆地的"热极"在哪里?夏季这里的最高气温可以达到多少度?

因为科考队携带的设备有限,林之光他们首先来到了吐鲁番气象站,请求当地气象工作者给予援助。

吐鲁番盆地中共建有 3 个气象站,除了海拔 34.5 米的吐鲁番气象站外,还有海拔 1 米的托克逊气象站和海拔－48.7 米的东坎气象站。它们虽然都位于海平面附近,但都不是盆地中最低的地方。

"一般情况下,气温会随着海拔高度降低而升高,作为'盆底',艾丁湖一定会聚集大量的热能,"在吐鲁番气象站,林之光提出了自己的看法,"我认为艾丁湖观测到的气温一定会比吐鲁番市更高。"

"对,我同意这个观点。"中国科学院地理科学与资源研究所研究员杨勤业表示支持。

"要观测到艾丁湖的气温,必须在那里安装临时观测点。"林之光说,"请气象站给予大力支持。"

"没问题!"气象站的叶科长爽快地说,"这次科考,对我们也有积极意义哩。"

7 月 23 日一早,科考队与气象站的考察人员一起,携带考察设备,乘车向中国最低的地方——艾丁湖进发了。

7 月正是夏季最炎热的季节,而吐鲁番盆地更是像着了火一般。火辣辣的太阳高悬在头顶上,阳光像火炉般烤得人脊背发烫。

艾丁湖也称"月光湖",由于这里的蒸发量是年降水量的几千倍,所以湖水大部分已经干涸,湖底是一望无际的盐碱地,看上去白花花一片。

烈日下的艾丁湖,荒寂、邈远、壮丽、严酷,这里听不到一声鸟叫,看不到一点绿色,124 平方千米的湖区,就像一座巨大的坟墓般令人恐惧。

大家下车后,一股热浪扑面而来,几乎令人窒息。强烈的阳光照射在盐碱湖面上,反射后进入人的眼睛里,令视线也变得有些模糊了。

"先寻找这里的低点,找到后再安装观测设备。"队员们拿出墨镜戴上，开始利用气压表测量海拔高度。

"这里的海拔是－140 米。"一个队员大声报告。

"再找找，这个海拔还不够低。"林之光说。

"这里是－151 米！"大家顺着干涸的湖底又往下走了一段距离后，一个队员看着气压表惊讶地叫起来。

"这里应该差不多了，这个位置比较利于观测。"大家围在一起讨论片刻后，终于确定了观测点。

"百叶箱来喽！"两个队员抬着一个百叶箱来到选定的位置上。

打桩，固定，在离地 1.5 米的地方，百叶箱被竖立了起来。

按照一般百叶箱的布局，里面分别放置了两只竖立的温度表，一只测量气温，另一只根部包上纱布，并放上水杯，用来测量空气的湿度。此外，还放置了两只平放的温度表，一只测量最高温度，一支测量最低温度。

在大家的共同努力下，很快，中国海拔最低的临时气象观测站建立起来了。

艾丁湖气象观测站

沙窝里烤鸡蛋

中午的午餐,只能在临时观测点解决了。大家拿出车上携带的食物和水,准备对付一下。

这时,气象站的叶科长从车上拿了十多个鸡蛋。他用小铁铲将地面的沙刨开,把鸡蛋一只接一只地埋了进去。

"大家不要着急,等会就有熟鸡蛋可吃了。"林之光笑眯眯地说。

"这沙能把鸡蛋捂熟吗?"一个队员有些怀疑。

"我估计这时沙地的温度至少在 70 ℃以上,捂熟鸡蛋应该没问题,"林之光说,"我听说 1966 年夏,吐鲁番气象台一个叫杨步正的工作人员在一次考察时,曾把几个鸡蛋埋在沙堆阳面大约 5 厘米深处,40 分钟后回来鸡蛋已经熟了——当然,把鸡蛋打在滚烫的石头上摊荷包蛋也是可能的。"

几十分钟后,大家把沙地里的鸡蛋扒出来,鸡蛋果然已经熟了。大家把蛋壳剥掉,有滋有味地吃起烤鸡蛋来。

这一天的科考结束后,艾丁湖临时气象观测站的观测结果也出来了:湖底的最高气温达到了 44.5 ℃,而吐鲁番市区最高气温只有 40.9 ℃,也就说湖底的温度比市区整整高出了 3.6 ℃。这一结果也验证了林之光的预测。

"44.5 ℃还不是最高,再多观测几天,才能观测到最高温度。"林之光说。

中国热极诞生记

接下来的考察中,科考队却遭遇了意想不到的事情。

盆地里有大河吗

这天,科考队准备前往艾丁湖临时气象观测站。走到途中,天空的太阳更加炽烈,湖底热浪翻滚,仿佛要着火燃烧起来了。

"看,那边有一条大河!"这时,有队员像发现新大陆般,兴奋地指着远处叫起来。

顺着他手指的方向,大家果然看到在东南方向5千米的地平线上,出现了一大片晶莹闪耀的白色水面,水面南北朝向,呈带状,很像一条闪烁着迷人气息的大河。

"这一带的艾丁湖已经干涸了,怎么会有河呢?"队员们感觉很惊奇。

"可能是蜃景出现了,"叶科长说,"蜃景也就是大家所说的海市蜃楼现象。"

"对,因为地面被太阳晒得发烫,而空气则相对较凉,当温差超过一定值时,远方淡蓝色或白色的天空就会被折射到地平线以下。那条'大河',实际上就是远方天空的映像。"林之光解释。

"可是'大河'周边有不少深绿色的斑点,它们看起来像是植物丛,"有队员怀疑说,"如果'大河'是天空的映像,那天上怎么会有植物丛呢?"

海市蜃楼现象

"那些植物丛,应该是地面的映像吧,"林之光仔细辨认一番后说,"这种蜃景现象并不妨碍地面上有其他东西同时出现。"

"走,乘车过去看看,说不定真是一条河哩。"有队员提议,立刻得到了大多数人的赞同,于是除了要观测的气象站工作人员留守外,其余人都坐上汽车,向那片诱人的"大河"赶去。

紧赶慢走,汽车跑了半天,可那条"大河"总是可望而不可即,它始终与汽车保持着 5 千米左右的距离。眼前干涸的湖面上,仍是白花花的盐碱地。

"看来真的是海市蜃楼了!"队员们终于相信了,汽车也不再往前开了。

小草湖的大风

科考队在考察吐鲁番"热极"的同时,还考察了盆地的另一个地方:小草湖。

小草湖是吐鲁番盆地有名的"风极",这里每年刮 8 级以上大风的时间就有 100 天左右。大风刮起来时,飞沙走石,天昏地暗,可以掀翻房屋和汽车。2007 年 2 月 28 日,小草湖地区就刮起了可怕的 13 级大风,一列旅客列车从这里经过时不幸遭遇了大风的"蛮力",当时有 11 节车厢被吹翻。

科考队携带着简易风向风速表,乘车来到了小草湖。"呜呜呜呜",一下车,迎接他们的是狂吼怒叫的西北风。大风卷着沙粒,劈头盖脸地扑向队员们。

"这风也太可怕了吧?"大家感到脸上隐隐作痛,眼睛里也似乎进了沙粒,泪水情不自禁地流了出来。

"测测风速是多少?"林之光说。

随行的吐鲁番气象站李工程师赶紧拿出仪表测了起来。

风吹动风杯,快速旋转起来,仪表上的红色指针变得飘忽不定。

"风速在 12 米/秒至 14 米/秒之间。"李工程师大声报数。

"这个风速,只是小草湖风力巅峰时刻的四分之一,"林之光告诉大家,"真正的'风极'是飘忽不定、难觅其踪的,一般情况下很难遇到。"他还介绍说,陆地风的老大,非龙卷风莫属,一般的龙卷风风速可以达到 100 米/秒至 200 米/秒,而小草湖吹翻火车大风的风速只是达到了 51 米/秒至 56 米/秒。

"这里的大风是如何形成的呢?"有队员不解地问。

"这是因为新疆北部经常出现冷气流,而吐鲁番盆地经常出现热气流,冷热气流之间存在气压梯度,所以便形成了盛行风。"叶科长解释道。

"我觉得还有一个原因,"林之光说,"吐鲁番盆地这样的地形,还会形成强烈的地形风。"

他告诉大家:吐鲁番盆地的中心和周围山地形成了巨大的高度差,一到晚上,周围山地的冷气流向盆地流动,便会形成地形风。这种地形风和盛行风叠加在一起,便形成了强烈的大风。

考察过小草湖后,科考队又回到了艾丁湖临时气象观测站,接下来的几天,气象站的工作人员继续在艾丁湖临时气象观测站进行观测。

"热极"诞生记

进入 8 月,吐鲁番的天气更加炎热了。一连两天,工作人员都测到了

45 ℃以上的高温。

8月3日午后,科考队正在营地休息,突然接到了叶科长打来的电话:"林教授,临时观测站测到了49.7摄氏度的高温!"

49.7 ℃!科考队立即出发前往临时观测站。

捧着那根记录着49.7 ℃的温度表,队员们都兴奋不已:好家伙,这个高温数据可是打破了吐鲁番盆地所有气象站的历史高温纪录,同时也是我国迄今为止全国最高的极端最高气温纪录!

"本来这49.7 ℃的纪录还能升得更高一点,但因为当时有1~2米/秒的小风,所以没能再升上去。"值班的叶科长介绍。

通过对比,大家还发现当天艾丁湖的最高温度,比吐鲁番另外三个气象台的观测温度高出了2.3 ℃。

"这个数据在相当大的程度上说明了中国真正的热极是在艾丁湖的湖底,"林之光据此下结论说,"尽管此次测试没有超过50摄氏度这个数值,但从科学理论上可以推断出,在最热的天气环境中,这里的温度将高于吐鲁番历史上记载的温度,极有可能突破50 ℃。"

科考队还通过考察,对吐鲁番盆地十分炎热的原因进行了分析,提出了三点:第一是因为气候特别干旱,天上没有云彩阻挡强烈的阳光热量,地面没有水分蒸发消耗热量,所以阳光热量得以全力用来升高气温;第二是吐鲁番的盆地地形,白天阳光热量不易向外散发,所以温度升高很快;第三是这里海拔低,在海平面附近,是我国内陆干旱地区最低的地方,海拔越低则气温越高,平均每低100米气温便上升0.6 ℃。

此次科考活动结束后,林之光还将科考发现写成了论文,发表在气象学术界的最高权威刊物上。艾丁湖湖底是我国"热极"的提法,也终于盖棺定论了。

发现恐龙"家园"

酷热的吐鲁番盆地,下面究竟埋藏着什么秘密?它一直是这么荒凉、萧瑟的吗?

出发寻找恐龙家园

2007年9月的一天,一支中外科学家组成的考察队走进了吐鲁番盆地。领头的是一名高鼻深目的老外,他名叫维恩斯,是德国图宾根大学地质古生物学院的博士。陪同考察的专家,是中德古生物与地质联合实验室中方主任孙革教授。

此外,科考队还有来自吉林大学、新疆地质矿产勘察开发局第一区调大队的有关人员。在临出发时,中科院古脊椎动物研究所董枝明教授匆匆赶来为队员们指点迷津:"最好到鄯善县去考察,那里发现恐龙化石的可能性最大!""谢谢,我们一定按照您指示的方向去寻找。"维恩斯连声感谢。

上世纪60年代,董枝明教授曾在吐鲁番盆地东部的鄯善县考察,并在该县的连木沁镇附近发现了1亿年前的"鄯善龙"化石。这条"鄯善龙"身长大约2米,它体态轻盈,行动敏捷,通过化石可以推测,这是白垩纪晚期的一种小型兽脚类肉食性恐龙。"应该还能找到年代更久远的恐龙!"由于当时条件所限,董枝明没有继续寻找下去,不过他大胆做出了预言。

科考队一行十多人,乘坐汽车向鄯善县进发。不知不觉,鄯善县城到了。

"咱们的考察,就围绕鄯善的乡村进行了。"孙革教授和维恩斯博士商量后,决定先到偏僻的七克台镇去。

七克台镇是鄯善县城以东 20 千米处的一个山区戈壁,到那里的道路更加难行,一路上黄沙漫漫,汽车在松软的沙土里穿行十分艰难,而车轮掀起滚滚沙土,几步之外,什么也看不见。

在七克台镇驻扎下来后,队员们开始了艰苦的考察工作。由于这里遍地黄沙,岩石大多被沙土覆盖,所以大家工作时不得不用刷子细细刷去沙土,然后再仔细辨认岩石上的"蛛丝马迹";大风吹来时,沙尘遮天蔽日,对面几米外不见人影,沙尘过后大家都成了"土人";生活上,大家多数时间只能啃饼干、喝矿泉水,有时携带的矿泉水没了,只能在考察地附近找苦碱水喝……尽管条件艰苦,但队员们尽心尽力,期盼能找到"心仪"已久的恐龙化石。

相信奇迹会发生

"看,这里有一块化石!"一天,一名队员刷去岩石上的灰尘时,突然发现石头上有印迹。

"真的吗?"大家闻讯纷纷聚拢在一起,像对待宝贝一般传看着那块有印迹的石头。

"NO,这不是恐龙化石。"维恩斯用放大镜仔细观察一番后,摇了摇头。

"不是吗?"队员们犹如被当头泼了一盆冷水。

"这个应该是乌龟的化石。"孙革教授仔细看了看那块石头,很快作出了判断。

大家重振精神,继续在漫漫沙土中找寻起来。

然而,转眼十多天过去了,除了发现几块乌龟化石的碎片外,人们再也没有新的收获。

"这里会不会有恐龙化石啊?"有队员提出疑问。

"是呀,如果没有恐龙化石,咱们这样找下去,岂不是白白浪费时间。"有人附和道。

不过,带队的孙革教授和维恩斯博士并没有灰心,特别是孙革教授心中有一种预感,他坚信奇迹总有一天会发生。

这天,科考队来到了七克台镇一个叫巴喀麦里的村庄。这个村庄很小,村子周围是大片大片的戈壁,戈壁滩里有许许多多的岩石,地貌保持得十分完好。

队员们进入戈壁滩后,开始进行考察工作。

"看,这是一块相对完整的龟化石。"刚考察不久,维恩斯博士就有了一点小"收获":他用刷子细心刷去一块石头表面的沙土时,上面露出了乌龟的印迹。

"不错,博士的运气真好。"年轻队员们纷纷围到维恩斯身边。

"你们看,这里应该是它的头,这里是它的一条腿,这个化石,应该已经存在了上亿年……"维恩斯边用刷子慢慢刷,边给队员们耐心讲解。

刷着,讲着,维恩斯感觉有些累了,于是他抬起头,准备活动一下酸疼的脖颈。

拧了两下脖颈后,维恩斯突然愣住了,他的目光呆呆地看着远处的岩石。

那些岩石上,有许多凹凸不平的印迹,看上去显得有些怪异。

出于一种直觉和本能,维恩斯扔掉手中的龟化石,慢慢走到了那处奇

恐龙足迹

特的印迹前。

"噢,我的天啊!"维恩斯面前出现了令人难以置信的一幕:整个岩层布满了大大小小的足印,这些印迹,与维恩斯过去看到过的恐龙足迹没有两样!

难道这是做梦吗?他用手掐了掐手背,一种痛楚的感觉立即传到大脑,他情不自禁地咧了咧嘴。

想不到众里寻它千百度,得来全不费工夫!维恩斯激动地抚摸着那那些恐龙的足迹,像个大孩子般"嘿嘿嘿嘿"笑了起来。

"博士,你捡到金元宝了?"维恩斯的奇怪举动引起了大家的关注,队员们再次围到了他身边。

"找到了,咱们找到了!"这一围观不打紧,队员们全都跳了起来。多日的辛苦终于有了回报,世界上没有比这更令人兴奋的事情了。

"太好了,真是太好了!"孙革教授也非常激动,尽管他心里有一种预感,但奇迹真的发生时,他还是控制不住自己兴奋的心情。

不可思议的化石墙

队员们顺着足迹仔细搜索,只见整个岩层都布满了恐龙足迹。在秋天阳光的照耀下,整面"恐龙足迹化石墙"显得熠熠生辉。

"每个足印都有 3 个脚趾,这应该是兽脚类恐龙的足迹化石。"维恩斯博士和孙革教授兴奋地带领大家,一边忙着用卷尺测量,一边用相机不停地拍照。

"岩面上呈凸起状的脚印,这是怎么回事呢?"有队员不解地问。

"这是由于恐龙因活动将脚印留在泥面上之后,河水或湖水带来的砂石沉积覆盖在脚印上层形成砂岩,后来经过漫长的地质演变,虽然下层较松软的泥土风化或流失,但恐龙脚印上层的坚硬砂岩却得以保留,并形成化石。"维恩斯博士心情很好地解释。

经过考察和测量,这是一面长100多米、足印有150多个的"恐龙足迹化石墙"。

"以往发现的恐龙足迹化石因风化、地质变迁等原因,完整清晰保留下来的足垫形状足迹化石很少,在世界各地,侏罗纪中期恐龙足迹化石则非常罕见,仅在个别国家和中国四川盆地零散地发现过。"科考活动结束后,维恩斯发表了自己的看法,"此次鄯善发现的恐龙足迹化石尤显珍贵。"

此次科考活动还未结束,恐龙化石的挖掘工作便紧锣密鼓地展开了。

2008年4月上旬,中德古生物学家向世界宣布:在鄯善七克台发现恐龙足迹化石群,这是目前中国发现的最大规模侏罗纪恐龙足迹化石群!

科考队发现恐龙足迹化石后,鄯善县委、县政府及时成立了古生物保护领导小组,联合中德古生物与地质联合实验室,展开对鄯善县境内有关恐龙等脊椎类化石基础资料的整理工作,制定古生物研究课题,并加强了恐龙化石的保护工作。

与老鹰争食

柴达木盆地，是我国海拔最高的盆地，这块镶嵌在青藏高原北部的"凹地"，因为布满盐湖而誉满天下，被称为我国的"聚宝盆"。

然而，这块"聚宝盆"却又是那么的荒凉、人烟稀少，它期待人们去探索和发现。

老鹰嘴里抢晚餐

1959年5月，一名姓陈的年轻人坐在军用卡车的车厢里，与工友们一起向柴达木进发。小陈是在"到祖国最需要的地方去"的号召下，放弃留在城市工作的机会，主动要求到柴达木盆地去工作的。

柴达木盆地平均海拔3000米左右，这里有一望无际的戈壁和沙漠，也有星罗棋布的沼泽和盐湖。小陈他们到达柴达木后，主要工作是勘探矿藏。那时正好赶上国家最困难的时期，粮食和日常用品都要定量供应。经常吃不饱肚子，令他们的野外勘探工作变得十分艰辛。

1961年初冬，包括小陈在内的7名工作人员被派到野外勘探，工作了一段时间，天气一天比一天恶劣，后来实在不能工作了，勘探队才决定撤回大本营。这天早上，7个人用牦牛驮着行李匆匆往回赶。按照计划，他们必须在天黑前赶回营地，否则就有被冻死在荒郊野外的危险。然而还没走到一半路程，就有人饿得走不动了。

这时天色渐渐暗了下来，大家心里都十分着急。

不过，着急归着急，每个人都饿得浑身无力，再怎么也不可能在天黑前赶回去呀！

"前面有一个涵洞，可以到里面去休息。"正当大家焦灼万分时，走在前面的小陈发现了一个涵洞。大家往前一看，果然看到一个黑乎乎的洞口。"看来今晚只能在这里过夜了。"队员们观察一番后，决定用棉被把涵洞的两个出口堵上，晚上就在洞里睡觉。

正忙乎着卸行李时，突然听见身边传来"嗖"的一声响，一只老鹰箭一般直落下来，将草丛里一只长得肥肥壮壮的野兔逮个正着。

"快，把兔子夺下来！"不知谁喊了一声，大家清醒过来，奋不顾身地向老鹰扑了过去。老鹰吃了一惊，赶紧放开兔子，向天上飞去，而兔子则趁机逃进了草丛中。"不能让兔子跑了！"饥饿的人们又扑向草丛。众人七手八脚地将已瞎了一只眼睛的兔子捉了出来。剥皮、生火、烧煮……可怜的野兔成了人们最美的一顿晚餐。

盐湖里的陷阱

随着考察工作的进展，勘探队的工作重心逐渐向盐湖靠近，考察柴达木盐湖的时机成熟了。

科考队考察盐湖的目的，是要弄清盐湖的成因，以及湖里盐的成分，为开发盐湖做好准备。

考察盐湖

第一次走进盐湖，小陈可真是开了眼界。这里的盐湖真多啊，它们有的与雪山为邻，湖中倒映着绵延的山峦和皑皑白雪；有的静卧在荒漠里，四周围绕着白色的盐带，宛若戴上皓玉似的项圈；有的表面干涸结成了千姿百态的盐石，可以与云南石林相媲美……走进湖中，犹如进入了一个童话般的白色世界。

"盐湖里虽然处处是宝，但也有极大的危险，"队长告诫大家，"千万不能掉进湖中，否则湖里的液体卤水能让人致命。"

慢慢往前走，小陈才知道，不单单是液体卤水可以让人丧命，湖里的一些"陷阱"也暗藏杀机：在一些固体盐的下面，往往隐藏着液体卤水，它们形成一个个可怕的杀人沼泽，如果稍不留神，一脚踩空，陷进去就很难再逃出来了。

为了避免掉进"陷阱"中，队员们大多手中都挂有一根手杖：先用手杖试探前面的虚实，确定湖面坚硬后，才小心翼翼地往前走。

趟过液体卤水，又跨过杀人沼泽后，队员们终于来到了坚硬的盐石层上。但就在这看似坚实的盐石上，也隐藏着令人意想不到的危险。

原来，在盐湖的下面存在着地下淡水，这些淡水将盐石侵蚀出了一个个冰窟窿，人们称为"小潜水"，意思是掉下去后，就会被水淹没。冰窟窿一般都比较深，人如果掉进窟窿中，没有人救援，是很难从里面逃出来的。

在考察的过程中，勘探队就先后遭遇了两次危险。

盐湖考察苦与乐

科考队向盐湖深处前进,而危险也在一点一点地逼近。

"小潜水"的危险

第一次危险,是在大家向盐湖中心行进的过程中。当时小陈和另一位女队员一起,穿行在千姿百态的盐石林中。因为是第一次"零距离"接触美丽的盐石林,女队员显得好奇而兴奋。

"啊!"正走着,小陈突然听到身边一声惊叫,回头一看,女队员已经不见了踪影。

小陈赶紧四处找寻,这时周围的队友也纷纷赶了过来。

"她掉进'小潜水'中了,快把她拉上来!"终于,大家看到女队员掉进了一个冰窟窿中,她只剩一双手臂在外面胡乱抓挠。

众人七手八脚把她拉上来时,她已浑身透湿,脸色煞白,大口喘气。

"大家一定要小心了。"队长再次叮嘱队员们,"要时时留意脚下。"

尽管小心又小心,不过,在考察一处形似鳄鱼嘴的结晶盐时,危险再次出现了:当时小陈只顾着用相机拍摄那些美丽的盐石林,一时忽略了脚下的危险。正拍着,他突然感到天旋地转,"扑通"一声,连人带相机一起掉进了"小潜水"里,湖水很快没到了他的胸部。为了避免相机进水,他一只手将机身高高举起,另一只手试着抓了几下,但显然没法爬上去。

盐湖

"不要动,我们来帮你。"这时,同事们飞快赶来,将他和相机一起"捞"了上来。

在这样艰苦的环境条件下,队员们全副身心地进行勘探和拍摄工作。勘探,主要是采集一些盐石标本回去分析。盐石的质地十分坚硬,队员们主要是用尖镐进行采集,有时刨上半天,才能刨下一小块标本。因为盐石的成分不尽相同,队员们又不得不把一些细小的盐粒送进口中,依靠舌头来辨别差异。一天下来,大家感到嘴里又苦又涩,舌头几乎没什么知觉了。

第一次勘探盐湖,小陈他们吃了不少苦头,也留下了深刻的印象。不过,当他们勘探察尔汗盐湖时,体会到的就不只是艰辛,还有更多的是神奇和震撼。

万丈盐桥平地生

察尔汗是柴达木的盐湖之王,它地处柴达木盆地最低洼、最核心的地带,东西长168千米,南北宽48千米,总面积达5856平方千米,是我国最大、世界第二(仅次于美国盐湖城盐湖)大的盐湖,同时也是世界上海拔最高的内陆盐湖,有"中国死海"之称。由于当地气候炎热而干燥,察尔汗湖面的盐盖厚达数米。这层盐盖平坦而坚硬,不但汽车、火车可以在上面奔跑,连飞机也可以在上面自由起落。

不过,在小陈他们眼里,察尔汗最神奇的地方在于它的"万丈盐桥"。

万丈盐桥,不是说盐桥有多高,而是指它的长度。到了察尔汗盐湖,小陈他们才知道,原来万丈盐桥实质上就是一条修筑在盐湖之上的用盐铺成的宽阔大道。当时修筑格尔木至敦煌的公路时,必须要穿过察尔汗盐湖,设计师们在考察了盐盖的厚度和硬度后,选择了直接将路筑在盐湖上的方案。

队员们走在"桥"上,但见路面光滑平坦,将盐湖从中间劈成两半,玉带似的盐桥,没有护栏,也没有桥墩,更没有流水。站在"桥"上远望,只见盐湖周围浩瀚无边,一片白茫茫的景象。这里降水极少,又干燥又咸涩,所有绿色的植物都无法生长;湖面好像一片刚被犁过的土地,又像一层层的鱼鳞,显得神秘而怪异。

"这明明是一条路,为什么叫做'盐桥'呢?"小陈有些不理解。

"别看桥上是盐石,其实下面都是湖水。"队长解释说,"这里的气候又热又干燥,据气象专家测定,察尔汗地区的蒸发量比降水量要大 140 多倍,由于长期蒸发,湖水已浓缩成一层坚硬的盐盖。在几十厘米至一米多厚的盐盖下面,是深达一二十米的结晶盐和晶间卤水,公路实际上就像一座桥浮在卤水上面。"

"这座桥叫'万丈盐桥',它真有这么长吗?"一个队员好奇地问。

"是有这么长哩,"队长说,"盐桥总长 32 千米,折合市制可达 1 万余丈,这也是万丈盐桥名字的来历。"

走在盐桥上,队员们感觉十分踏实。队长介绍,盐桥每平方米承重可达 600 吨,在承载能力方面,任何科学先进的桥梁,都无法与察尔汗的盐桥相匹敌。桥头上,大家不时可以看到用木牌做成的限速标志。"这是因为盐桥的路面太光

滑了,汽车如果开得太快,就会打滑翻车,所以在桥上开车,最高时速不得超过每小时 80 千米。"队长说。

考察途中,大家还看到了养路工人对盐桥的奇特养护方法:一旦路面出现坑坑洼洼,养路工人就从附近的盐盖上砸一些盐粒,然后到路边挖好的盐水坑里舀一勺浓浓的卤水,往上一浇,盐粒很快融化,并凝结在路面上,坑凹处便完好如初了。

盐湖形成的原因

一路行进,在察尔汗最深处的达布逊湖,队员们看到了绚丽多姿的美景。当天风和日丽,达布逊湖碧波荡漾,像一面巨大的镜子般波光闪烁。因为湖中饱含多种元素的卤水,湖水时而碧绿,时而碧蓝,时而雪白。而湖中的结晶盐(盐花)更是五光十色,形状奇特,有的像珍珠,有的像宝石,有的像花朵,有的像蘑菇,有的像珊瑚……感到目不暇接。

此次勘察,科考队采集了很多盐石标本回去化验,证实湖里主要以钾盐为主,同时还伴生有镁、钠、锂、硼、碘等多种矿产。同时,通过对盐石标本的分析,大家对盐湖的形成进行了科学推测:亿万年前,柴达木周围还是一片汪洋。后来由于地球的造山运动,使昆仑山、祁连山、阿尔金山在柴达木盆地四周突起,把曾经是汪洋大海的柴达木盆地隔绝开来,形成了内陆湖泊,由于青藏高原的不断隆起,阻挡了来自印度洋的暖湿气流,高原内部气候日趋干燥,蒸发大于补给,在强烈的太阳辐射作用下,湖面渐渐缩小,湖水逐渐干涸,湖中盐类便结晶而出。当每升湖水中含盐量大于35 克时,它便被赋予了新的名字——盐湖。

这次科学考察,为察尔汗盐湖后来的开发奠定了良好基础。

咱们的神奇大自然探秘之旅到这里就要说再见了,你如果兴犹未尽,那就走进大自然,亲身去感受惊险刺激的探索和发现吧!